理工系の数学入門コース
[新装版]

複素関数

理工系の
数学入門コース
［新装版］
▼

複素関数
COMPLEX ANALYSIS

表　実
Minoru Omote

An Introductory Course of
Mathematics for
Science and Engineering

岩波書店

理工系学生のために

数学の勉強は

現代の科学・技術は，数学ぬきでは考えられない．量と量の間の関係は数式で表わされ，数学的方法を使えば，精密な解析が可能になる．理工系の学生は，どのような専門に進むにしても，できるだけ早く自分で使える数学を身につけたほうがよい．

たとえば，力学の基本法則はニュートンの運動方程式である．これは，微分方程式の形で書かれているから，微分とはなにかが分からなければ，この法則の意味は十分に味わえない．さらに，運動方程式を積分することができれば，多くの現象がわかるようになる．これは一例であるが，大学の勉強がはじまれば，理工系のほとんどすべての学問で，微分積分がふんだんに使われているのが分かるであろう．

理工系の学問では，微分積分だけでなく，「数学」が言葉のように使われる．しかし，物理にしても，電気にしても，理工系の学問を講義しながら，これに必要な数学を教えることは，時間的にみても不可能に近い．これは，教える側の共通の悩みである．一方，学生にとっても，ただでさえ頭が痛くなるような理工系の学問を，とっつきにくい数学とともに習うのはたいへんなことであろう．

数学の勉強は外国などでの生活に似ている．はじめての町では，知らないことが多すぎたり，言葉がよく理解できなかったりで，何がなんだか分からないうちに一日が終わってしまう．しかし，しばらく滞在して，日常生活を送って近所の人々と話をしたり，自分の足で歩いたりしているうちに，いつのまにかその町のことが分かってくるものである．

数学もこれと同じで，最初は理解できないことがいろいろあるので，「数学はむずかしい」といって投げ出したくなるかもしれない．これは知らない町の生活になれていないようなものであって，しばらく我慢して想像力をはたらかせながら様子をみていると，「なるほど，こうなっているのか！」と納得するようになる．なんども読み返して，新しい概念や用語になれたり，自分で問題を解いたりしているうちに，いつのまにか数学が理解できるようになるものである．あせってはいけない．

直接役に立つ数学

「努力してみたが，やはり数学はむずかしい」という声もある．よく聞いてみると，「高校時代には数学が好きだったのに，大学では完全に落ちこぼれだ」という学生が意外に多い．

大学の数学は抽象性・論理性に重点をおくので，ちょっとした所でつまずいても，その後まったくついて行けなくなることがある．演習問題がむずかしいと，高校のときのように問題を解きながら学ぶ楽しみが少ない．数学を専攻する学生のための数学ではなく，応用としての数学，科学の言葉としての数学を勉強したい．もっと分かりやすい参考書がほしい．こういった理工系の学生の願いに応えようというのが，この『理工系の数学入門コース』である．

以上の観点から，理工系の学問においてひろく用いられている基本的な数学の科目を選んで，全8巻を構成した．その内容は，

1. 微分積分
2. 線形代数
3. ベクトル解析
4. 常微分方程式
5. 複素関数
6. フーリエ解析
7. 確率・統計
8. 数値計算

である．このすべてが大学1, 2年の教科目に入っているわけではないが，各巻はそれぞれ独立に勉強でき，大学1年，あるいは2年で読めるように書かれている．読者のなかには，各巻のつながりを知りたいという人も多いと思うので，一応の道しるべとして，相互関係をイラストの形で示しておく．

この入門コースは，数学を専門的に扱うのではなく，理工系の学問を勉強するうえで，できるだけ直接に役立つ数学を目指したものである．いいかえれば，理工系の諸科目に共通した概念を，数学を通して眺め直したものといえる．長年にわたって多くの読者に親しまれている寺沢寛一著『数学概論』(岩波書店刊)は，「余は数学の専門家ではない」という文章から始まっている．入門コース全8巻の著者も，それぞれ「私は数学の専門家ではない」というだろう．むしろ，数学者でない立場を積極的に利用して，分かりやすい数学を紹介したい，というのが編者のねらいである．

記述はできるだけ簡単明瞭にし，定義・定理・証明のスタイルを避けた．ま

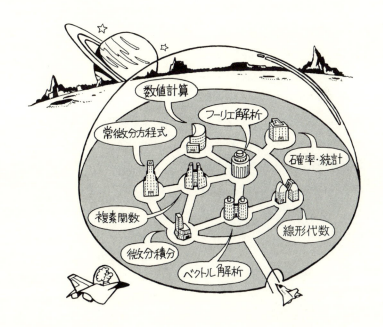

た，概念のイメージがわくような説明を心がけた．定義を厳正にし，定理を厳密に証明することはもちろん重要であり，厳正・厳密でない論証や直観的な推論には誤りがありうることも注意しなければならない．しかし，'落とし穴'や'つまずきの石'を強調して数学をつき合いにくいものとするよりは，数学を駆使して一人歩きする楽しさを，できるだけ多くの人に味わってもらいたいと思うのである．

すべてを理解しなくてもよい

この『理工系の数学入門コース』によって，数学に対する自信をもつようになり，より高度の専門書に進む読者があらわれるとすれば，編者にとって望外の喜びである．各巻末に添えた「さらに勉強するために」は，そのような場合に役立つであろう．

理解を確かめるため各節に例題と練習問題をつけ，さらに学力を深めるために各章末に演習問題を加えた．これらの解答は巻末に示されているが，できるだけ自力で解いてほしい．なによりも大切なのは，積極的な意欲である．「たたけよ，さらば開かれん」．たたかない者には真理の門は開かれない．本書を一度読んで，すぐにすべてを理解することはたぶん不可能であろう．またその必要もない．分からないところは何度も読んで，よく考えることである．大切なのは理解の速さではなく，理解の深さであると思う．

この入門コースをまとめるにあたって，編者は全巻の原稿を読み，執筆者にいろいろの注文をつけて，再三書き直しをお願いしたこともある．また，執筆者相互の意見や岩波書店編集部から絶えず示された見解も活用させてもらった．今後は読者の意見も聞きながら，いっそう改良を加えていきたい．

1988年4月8日

編者　戸　田　盛　和
　　　広　田　良　吾
　　　和　達　三　樹

はじめに

　虚数(imaginary number)という言葉の意味を文字どおりに解釈すれば，それは「存在しない数」，「想像上の数」ということになる．複素数は実数と虚数の和で与えられるから，複素数もまた「存在しない」ことになる．実際，17世紀の偉大な哲学者・数学者であり，微積分学の創始者の一人でもあるライプニッツは，「虚数とは神の叡智のほとばしりの賜物であり，それはほとんど有と無の間の両生動物である」と瞑想にふけったことはあまりにも有名である．しかし複素数を平面上の点に対応させることによって，それを幾何学的に表示することに成功してからは，複素数がもっていた不可思議さもとり除かれた．その後，複素数を変数とする関数(複素関数)の性質は，ガウス，コーシー，リーマン，ワイエルシュトラスその他多くの数学者によって明らかにされた．

　コーシーが複素関数の積分を利用して，実数の範囲では扱いきれなかった実関数の定積分を求めることに成功したことからもわかるように，実関数の範囲では見えなかった関数の性質が複素関数を考えることによって明らかになることも多い．複素関数は実定積分の計算に威力を発揮するだけでなく，流体力学・電磁気学・交流回路など理工学の広い分野で応用されている．

　さて本書は大学に入って初めて複素関数を学ぶ理工系の学生諸君のための入門書である．複素関数の基本的な性質をよく理解し，その微分・積分に習熟し，

x ── はじめに

微分可能な複素関数（正則関数）の特徴を十分に把握できるようにすることがこの本の目的である．変数が特に実数値をとる場合，複素関数は実変数の関数に帰着することから，その性質は実関数の延長線上で理解できることも多い．その一方，実数は直線（数直線）上を動くのに対して，複素数は平面上を動くので複素関数に特有な性質もあらわれる．したがって複素関数の微分・積分にあたっては，これらの性質を十分に理解することが重要である．

第1章では複素数の基本的な性質を理解し，その幾何学的表示に親しむことを目的とする．第2章では複素関数の微分を考える．微分可能な複素関数は，コーシー・リーマンの微分方程式をみたすことを示す．第3章では複素変数の指数関数・三角関数・双曲線関数を導入し，その性質を調べる．第4,5章は，複素関数の積分を考える．ここではコーシーの定理，コーシーの積分公式，留数定理など，理論的な面からも，応用上からも重要な性質が紹介される．第6章は正則関数のテイラー展開，ローラン展開について考察する．第7章では初等多価関数の取扱い方について調べる．最後に第8章で，理工学の分野における複素関数の応用例として，等角写像と境界値問題を考える．

本書を書くにあたっては，基礎的な面に重点をおいて，できるだけ平易に説明したつもりである．また各節ごとに例題を設けて，その節で説明したことを理解する手助けになるよう心掛けた．しかし解析接続・関数の積分表示などについてはふれることができなかったのが残念である．これらの点に興味をもたれる読者は，巻末に掲げたアドバンスト・コースの本を参考にされたい．

本書の執筆にあたって，さまざまなご援助をいただいた方々にお礼を申し上げたい．まずこのコースの編者である戸田盛和，広田良吾，和達三樹の各先生には，多くの点で御教示をいただいた．また筑波大学大学院生の伊藤敏晴君には，原稿を詳しく読んでもらった．さらに岩波書店編集部の小林茂樹・片山宏海両氏には，本書の出版にあたって多くのご尽力をいただいた．これらの方々に心からお礼を申し上げたい．

1988年10月

表　　実

目次

理工系学生のために

はじめに

1 複素数と複素平面 ・・・・・・・・・・・・・ 1

1-1 複素数・・・・・・・・・・・・・・・・・ 2

1-2 複素数の四則演算(和, 差, 積, 商) ・・・・ 4

1-3 共役複素数と絶対値・・・・・・・・・・・ 7

1-4 複素平面・・・・・・・・・・・・・・・ 8

1-5 複素数の極形式・・・・・・・・・・・・ 12

第 1 章演習問題 ・・・・・・・・・・・・・・・ 17

2 複素関数とその微分 ・・・・・・・・・・ 19

2-1 複素数の関数・・・・・・・・・・・・・・ 20

2-2 複素関数の極限値と連続性・・・・・・・・ 22

2-3 複素関数の微分と正則関数・・・・・・・・ 25

2-4 コーシー・リーマンの微分方程式・・・・・ 31

第 2 章演習問題 ・・・・・・・・・・・・・・・ 36

3 いろいろな正則関数とその性質 · · · · · 39

3–1 多項式と有理関数 · · · · · · · · 40

3–2 指数関数 · · · · · · · · · · · 42

3–3 三角関数と双曲線関数 · · · · · · 44

3–4 ド・ロピタルの公式 · · · · · · · 46

第 3 章演習問題 · · · · · · · · · · · 49

4 複素関数の積分とコーシーの積分定理 · · 51

4–1 複素積分 · · · · · · · · · · · 52

4–2 コーシーの積分定理 · · · · · · · 57

4–3 正則関数の積分について · · · · · · 63

第 4 章演習問題 · · · · · · · · · · · 67

5 コーシーの積分公式と留数定理 · · · · 71

5–1 コーシーの積分公式 · · · · · · · 72

5–2 導関数の積分公式 · · · · · · · · 74

5–3 正則関数の性質——コーシーの積分公式の応用 76

5–4 留数定理 · · · · · · · · · · · 78

5–5 実定積分の計算 · · · · · · · · · 83

第 5 章演習問題 · · · · · · · · · · · 89

6 関数の展開 · · · · · · · · · · 93

6–1 複素数のベキ級数 · · · · · · · · 94

6–2 正則関数のテイラー展開 · · · · · · 97

6–3 ローラン展開 · · · · · · · · · · 100

第 6 章演習問題 · · · · · · · · · · · 104

7 多価関数とその積分 · · · · · · · 107

7–1 分数ベキ関数 $w = z^{1/2}$ · · · · · · · 108

7–2 対数関数 · · · · · · · · · · · 111

目　　次 ——— xiii

7-3　その他の多価関数 ・・・・・・・・・114

7-4　多価関数の積分 ・・・・・・・・・115

第7章演習問題 ・・・・・・・・・119

8　境界値問題と等角写像 ・・・・・・・121

8-1　境界値問題 ・・・・・・・・・122

8-2　円周を境界とする場合 ・・・・・128

8-3　実軸を境界とする場合 ・・・・・131

8-4　境界値問題と等角写像 ・・・・・・・134

8-5　いろいろな等角写像 ・・・・・・・137

第8章演習問題 ・・・・・・・・・141

さらに勉強するために ・・・・・・・・・145

数学公式 ・・・・・・・・・147

問題略解 ・・・・・・・・・149

索引 ・・・・・・・・・163

コーヒー・ブレイク

タルタリアとカルダノ　　6

アーベルとガロア　　37

多元数とハミルトン　　50

無限遠点とリーマン球面　　69

ケーニヒスベルグの橋渡り　　91

複素インピーダンス　　106

2乗して零になる数　　143

カット＝浅村彰二

1

複素数と複素平面

複素数を平面上の点で表わすというアイディアは，
古くはデンマークのウェッセル (1797)，スイスのア
ルガン (1806) にさかのぼるといわれている．しかし，
それが数学者の注目を引くようになるのは，ガウス
が 1831 年に発表した数論の論文の中で，これを使
って複素数の説明をしてからである．複素数を表わ
す平面(複素平面)を考えることによって，複素数の
性質が具体的に理解できるようになる．複素数を取
り扱うときは，つねに複素平面を描いて考えるよう
に心掛けたいものである．

1-1　複　素　数

　物を数えることから，人間は自然数$(1, 2, 3, \cdots$；正の整数ともいう$)$を知り，それを物の個数や順序を表わすのに用いてきた．その後知識が増えるにつれて，扱う数の範囲もしだいに拡大し，現在ではそれを次のようにまとめることができる．

自然数$(1, 2, 3, \cdots)$

　$1, 2, 3, \cdots, n, \cdots$などの数を**自然数**$($natural number$)$という．$a, b$を自然数とすれば，その和$a+b$，積$ab$もやはり自然数である．

整　数$(0, \pm 1, \pm 2, \cdots)$

　自然数aにある数xを加えたとき，その和が他の自然数bになるような数，すなわち

$$a+x = b \tag{1.1}$$

を満たす$x \, (x = b - a)$は，常に自然数であるとは限らない．たとえば，方程式$3+x=2$，すなわち$x=2-3$は，自然数の範囲には解をもたない．方程式(1.1)がいつでも解をもつためには，数の範囲を広げて，自然数に零と負の数を加えた数の集合を考えればよい．これらの集合を**整数**$($integer$)$という．

有理数$(1, 2, \cdots, 4/3, 2/5, \cdots)$

　任意の整数a, bに対して，次の方程式

$$ax = b \qquad (a \neq 0) \tag{1.2}$$

を考える．この方程式の解は必ずしも整数であるとは限らない．たとえば方程式$3x=1$を考えれば，整数の範囲に解は存在しない．上の方程式が常に解をもつようにするには，分数を数の範囲に加えればよい．整数と分数をまとめて**有理数**$($rational number$)$という．(1.2)の解を

$$x = \frac{b}{a} \qquad (a \neq 0) \tag{1.3}$$

で表わし，bとaの商と呼ぶ．(1.3)で$a=1$ならば，xは整数になるから，整

数は有理数の特別な場合であることがわかる.

無理数($\pm\sqrt{2}, \pm\sqrt{3}, \cdots, \pi, \cdots$)

方程式

$$x^2 = 3 \tag{1.4}$$

を考えよう. この方程式は, 有理数の解をもたない. 2乗して3になる数は有理数のなかには存在しないからである. しかし2乗して有理数になる数 $\pm\sqrt{2}$, $\pm\sqrt{3}$ … も, 数の範囲に加えれば, (1.4)は解 $x=\pm\sqrt{3}$ をもつ.

上の例にあらわれた数 $\pm\sqrt{2}, \pm\sqrt{3}, \cdots$ や, 円周率 $\pi (=3.14\cdots)$, 自然対数の底 $e (=2.71\cdots)$ などは, 整数 $a, b (a \neq 0)$ を用いて b/a と表わすことができない. このような数を**無理数**(irrational number)と呼ぶ. 有理数と無理数をまとめて**実数**(real number)と呼ぶ.

さて次の2次方程式

$$x^2 = -1 \tag{1.5}$$

は, 実数解をもたない. 2乗して負になる数は, 実数には含まれないからである.

2次方程式(1.5)が解をもつようにするには, 2乗して -1 になる数を新しく導入すればよい. これを $i (i^2 = -1)$ で表わし, **虚数単位**(imaginary unit)という. i を使えば, 2乗して $-2, -3, \cdots$ になる数は, $\pm\sqrt{2}\, i, \pm\sqrt{3}\, i, \cdots$ と表わすことができる. このように2乗して負になる数を(純)**虚数**(imaginary number)と呼ぶ. i を使えば, (1.5)の解は $x=\pm i$ で与えられる.

複 素 数

実数と虚数の和(または差)からなる数 α

$$\alpha = a + bi \quad (a, b \text{ は実数}) \tag{1.6}$$

を**複素数**(complex number)と呼ぶ. (1.6)の a, b をそれぞれ複素数 α の**実部**(real part), **虚部**(imaginary part)といい, それぞれ Re α, Im α で表わす.

$$a = \mathrm{Re}\,\alpha, \quad b = \mathrm{Im}\,\alpha \tag{1.7}$$

(1.6)で $b=0$ ならば α は実数, $a=0$ ならば虚数になる. したがって実数, 虚

4 —— **1** 複素数と複素平面

数は複素数に含まれ，その特別な場合になっている．

さて任意の実数 $a, b, c\,(a\neq0)$ を係数にもつ2次方程式

$$ax^2+bx+c = 0 \qquad (a\neq0) \tag{1.8}$$

が，つねに複素数の範囲に解

$$x = \frac{-b\pm\sqrt{b^2-4ac}}{2a}$$

をもつことはよく知られている．さらに係数 a, b, c が複素数であっても，2次方程式(1.8)は必ず複素数の範囲に解をもつことが示される．

ここでさらに，3次方程式，4次方程式，… などのもっと高次の代数方程式

$$\alpha_n x^n+\alpha_{n-1}x^{n-1}+\cdots+\alpha_1 x+\alpha_0 = 0$$

を考えることにしよう．ここで $\alpha_n, \alpha_{n-1}, \cdots, \alpha_1, \alpha_0$ は任意の複素数とする．このときこれらの方程式がいつでも解をもつためには，数の範囲をさらに広げる必要があるだろうか．この問題については，実は「複素数を係数とする n 次方程式は，いつでも n 個(重根は別々に数える)の解を複素数の範囲にもつ」ことが知られている(代数学の基本定理，5-3節参照)．

したがって，より高次の代数方程式を考えても，これ以上数の範囲を拡大する必要はないことがわかる．すなわちこの意味での数の範囲の拡大は複素数で終わるのである．

1-2 複素数の四則演算(和，差，積，商)

2つの複素数 $\alpha=a+bi$, $\beta=c+di$ は，$a=c$, $b=d$ が成り立つとき，互いに等しい．また逆に $\alpha=\beta$ ならば，$a=c$, $b=d$ が成り立つ．すなわち

$$\alpha = \beta \quad \rightleftarrows \quad a = c,\ b = d \tag{1.9}$$

特に $\alpha=0$ は，その実部，虚部が共に零に等しいことを意味する．すなわち

$$\alpha = 0 \quad \rightleftarrows \quad a = 0,\ b = 0 \tag{1.10}$$

である.

複素数の四則演算は，実数の場合と同じように行なうことができる．ただし

$$i^2 = -1, \quad (-i)^2 = -1 \tag{1.11}$$

四則演算

(1) 加法 $(a+bi)+(c+di) = (a+c)+(b+d)i$ $\tag{1.12}$

(2) 減法 $(a+bi)-(c+di) = (a-c)+(b-d)i$ $\tag{1.13}$

(3) 乗法 $(a+bi)(c+di) = ac+adi+bci+bdi^2$

$$= (ac-bd)+(ad+bc)i \tag{1.14}$$

(4) 除法 $\dfrac{a+bi}{c+di} = \dfrac{(a+bi)(c-di)}{(c+di)(c-di)} = \dfrac{(ac+bd)+(bc-ad)i}{c^2+d^2}$

$$= \frac{ac+bd}{c^2+d^2} + \frac{bc-ad}{c^2+d^2}\,i \quad (c+di \neq 0) \tag{1.15}$$

(1.15)で特に分子が $1\,(a=1,\ b=0)$ の場合を考えれば，複素数の逆数は

$$\frac{1}{c+di} = \frac{c}{c^2+d^2} - \frac{d}{c^2+d^2}\,i \tag{1.16}$$

で与えられることがわかる．

例題 1.1 次の計算をせよ．

(1) $(2-5i)+(4+3i)$ 　　(2) $(3+2i)(2-3i)$

(3) $\dfrac{5+4i}{2+i}$ 　　　　　　(4) $\dfrac{(1+3i)^2}{(2+i)(2-i)}$

[解] (1) $(2-5i)+(4+3i) = (2+4)+(-5+3)i = 6-2i$

(2) $(3+2i)(2-3i) = 6-9i+4i-6i^2 = (6+6)+(-9+4)i = 12-5i$

(3) $\dfrac{5+4i}{2+i} = \dfrac{(5+4i)(2-i)}{(2+i)(2-i)} = \dfrac{14+3i}{5} = \dfrac{14}{5} + \dfrac{3}{5}i$

(4) $\dfrac{(1+3i)^2}{(2+i)(2-i)} = \dfrac{-8+6i}{5} = -\dfrac{8}{5} + \dfrac{6}{5}i$ 　　▍

━━━━━━━━━━━━━━━━━━━ 問　題 1-2 ━━━━━━━━━━━━━━━━━━━

1. $\alpha = 1+i$ のとき α^2 の値を求め，これは虚数になることを示せ．

6 —— **1** 複素数と複素平面

2. 次の式をみたす実数 x, y を求めよ.

$3x + 4yi + 2xi + 5y = 4 + (x+y)i$

3. $\alpha_1 = 1+i$, $\alpha_2 = 3+2i$ のとき,次の値を求めよ.

(1) $\alpha_1 + \alpha_2$ (2) $\alpha_1{}^2 + 2\alpha_2 + i$ (3) $\dfrac{\alpha_2}{\alpha_1}$ (4) $\alpha_1\alpha_2 + \alpha_2$

Coffee Break

タルタリアとカルダノ

　虚数という誤解をまねきやすい名前で呼ばれる数が最初に登場するのは,3次方程式の根の公式からである.2次方程式の場合とは異なり,3次方程式では最終的に実根が得られる場合でも,途中でいったん複素数を経由することが必要であった.

　3次方程式の根の公式は,ルネッサンス期のイタリアの数学者カルダノの著書 "Ars Magna"(1545)に初めて公表された.そのためカルダノの公式と呼ばれているが,実は同じイタリアの数学者タルタリアが発見したものを,公表しないことを条件に教えてもらったものであるといわれている.それにもかかわらず,カルダノはその著書で3次方程式の根の公式を公表してしまったので,タルタリアとの間で物議をかもしたようである.カルダノは医者である一方,数学・哲学・占星術に秀れた才能を発揮し,さらに賭博を好み賭博に関する書物をも著すという大変な天才であった.賭博の経験からこの本の中で歴史上初めて,確率についての議論がなされているのも興味深い.

　また4次方程式の根の公式は,このカルダノの弟子であったフェラリーによって発見された.このあと代数学者は300年にわたって,より高次の代数方程式の根の公式を求める問題に取り組むことになるのである.

1-3 共役複素数と絶対値

共役複素数

複素数 $\alpha = a + bi$ で，その虚部の符号を変えたもの $a - bi$ を，α の**共役複素数**(complex conjugate)という．α の共役複素数を $\bar{\alpha}$ または α^* で表わす(この本では $\bar{\alpha}$(アルファ・バー)を使うことにする)．

α, $\bar{\alpha}$ を使えば，複素数 α, $\bar{\alpha}$ の実部，虚部はそれぞれ

$$\mathrm{Re}\,\alpha = \mathrm{Re}\,\bar{\alpha} = \frac{\alpha + \bar{\alpha}}{2}, \qquad \mathrm{Im}\,\alpha = -\mathrm{Im}\,\bar{\alpha} = \frac{\alpha - \bar{\alpha}}{2i} \qquad (1.17)$$

で与えられる．α が実数ならば，$\mathrm{Im}\,\alpha = 0$ だから $\alpha = \bar{\alpha}$，虚数ならば $\mathrm{Re}\,\alpha = 0$ だから $\alpha = -\bar{\alpha}$ が成り立つ．

複素共役については次の関係が成り立つ．

$$
\begin{aligned}
&(1)\quad \overline{(\bar{\alpha})} = \alpha \qquad\qquad (2)\quad \overline{(\alpha_1 \pm \alpha_2)} = \bar{\alpha}_1 \pm \bar{\alpha}_2 \\
&(3)\quad \overline{(\alpha_1 \alpha_2)} = \bar{\alpha}_1 \bar{\alpha}_2 \qquad (4)\quad \overline{\left(\frac{\alpha_1}{\alpha_2}\right)} = \frac{\bar{\alpha}_1}{\bar{\alpha}_2} \qquad (\alpha_2 \neq 0)
\end{aligned}
\qquad (1.18)
$$

絶 対 値

α と $\bar{\alpha}$ の積 $\alpha\bar{\alpha}$ は，$\alpha\bar{\alpha} = (a + bi)(a - bi) = a^2 + b^2$ となり，これは常に実数で，その値は正か零である．その正の平方根 $\sqrt{a^2 + b^2}$ を，α の**絶対値**といい，$|\alpha|$ で表わす．

$$|\alpha| = \sqrt{a^2 + b^2}, \qquad |\alpha|^2 = \alpha\bar{\alpha} \qquad (1.19)$$

(1.10)によれば，$\alpha = 0$ のとき $a = 0$, $b = 0$ だから，$|\alpha| = 0$ となる．逆に $|\alpha| = 0$ ならば，(1.19)から $a = 0$, $b = 0$ となるから，$\alpha = 0$ が成り立つ．したがって

$$|\alpha| = 0 \quad \Longleftrightarrow \quad \alpha = 0 \qquad (1.20)$$

次に2つの複素数 $\alpha = a + bi$, $\beta = c + di$ の積 $\alpha\beta = (a + bi)(c + di) = (ac - bd) + (bc + ad)i$ の絶対値 $|\alpha\beta|$ は，

$$|\alpha\beta| = \sqrt{(ac - bd)^2 + (bc + ad)^2} = \sqrt{(a^2 + b^2)(c^2 + d^2)}$$

8 —— **1** 複素数と複素平面

となるので，次の関係式

$$|\alpha\beta| = |\alpha||\beta| \tag{1.21}$$

が得られる．すなわち任意の 2 つの複素数の積の絶対値は，おのおのの絶対値
の積に等しい．

同様にして，複素数の商の絶対値も，おのおのの絶対値の商に等しいことが
わかる．

$$\left|\frac{\alpha_1}{\alpha_2}\right| = \frac{|\alpha_1|}{|\alpha_2|} \qquad (\alpha_2 \neq 0) \tag{1.22}$$

例題 1.2 次の複素数の絶対値を求めよ．

(1) i　　(2) $\dfrac{1}{\sqrt{2}}(1+i)$　　(3) $(1+i)(1-i)$　　(4) $\dfrac{1-i}{1+i}$

[解]　(1) $|i| = \sqrt{1^2} = 1$　　(2) $\left|\dfrac{1}{\sqrt{2}}(1+i)\right| = \sqrt{\left(\dfrac{1}{\sqrt{2}}\right)^2 + \left(\dfrac{1}{\sqrt{2}}\right)^2} = 1$

(3) $|(1+i)(1-i)| = |1+i||1-i| = 2$　　(4) $\left|\dfrac{1-i}{1+i}\right| = \dfrac{|1-i|}{|1+i|} = 1$　❙

――――――――――――――――――――― **問　題 1-3** ―――――――――――――――――――――

1. $\alpha_1 = 2+3i$, $\alpha_2 = 3+2i$ のとき，次の値を求めよ．

(1) $|\alpha_1|$　　(2) $\alpha_1 + \bar{\alpha}_2$　　(3) $\alpha_1 \bar{\alpha}_2$　　(4) $\left|\dfrac{\alpha_2}{\alpha_1} + \dfrac{\alpha_1}{\alpha_2}\right|$

2. 式(1.22)を証明せよ．

1-4　複 素 平 面

実数が直線(数直線)上の点で表わされるように，2 つの実数の組からなる複
素数は，平面上の点で表わすことができる．このためには，平面上に直交座標
系(x, y)をとり，複素数 $\alpha = a + bi$ を，x 座標と y 座標がそれぞれ a, b である
点(a, b)に対応させればよい(図 1-1)．

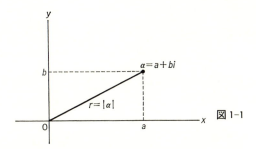

図 1-1

　この平面を**複素平面**(complex plane)または**ガウス**(Gauss)**平面**と呼ぶ．また横軸(x軸)，縦軸(y軸)はそれぞれ**実(数)軸**，**虚(数)軸**と呼ばれる．複素平面上の点と複素数が1対1に対応することから，複素数αのことを（複素平面上の）点αということもある．

　複素平面において，原点Oから点$\alpha=a+bi$までの距離をrとすると，図1-1からわかるように

$$|\alpha| = \sqrt{a^2+b^2} = r \tag{1.23}$$

となる（ピタゴラスの定理）．すなわちαの絶対値は，原点から点αまでの距離に等しい．

　また，2点$\alpha_1=a_1+b_1 i$, $\alpha_2=a_2+b_2 i$の間の距離は，$\alpha_1-\alpha_2$の絶対値

$$|\alpha_1-\alpha_2| = \sqrt{(a_1-a_2)^2+(b_1-b_2)^2} \tag{1.24}$$

で与えられる（図1-2）．

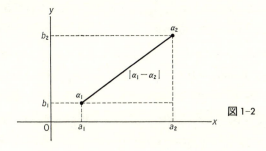

図 1-2

例題1.3 複素平面上に2点 $\alpha_1 = a_1 + b_1 i$, $\alpha_2 = a_2 + b_2 i$ をとったとき

(1) 点 $\alpha_1 + \alpha_2$ を図示せよ．

(2) 実数の場合と異なり，複素数の間には大小の順序関係は存在しないが，その絶対値は実数であるから順序関係が定義できる．三角形の2辺の長さの和は，残りの1辺の長さよりも大きいことを使って次の不等式

$$|\alpha_1 + \alpha_2| \leqq |\alpha_1| + |\alpha_2|, \quad |\alpha_1| - |\alpha_2| \leqq |\alpha_1 - \alpha_2| \tag{1.25}$$

を証明せよ．これを**三角不等式**と呼ぶ．

[**解**] (1) $\alpha_1 + \alpha_2 = (a_1 + b_1 i) + (a_2 + b_2 i) = (a_1 + a_2) + (b_1 + b_2) i$ だから，$\alpha_1 + \alpha_2$ は点 $(a_1 + a_2, b_1 + b_2)$ に対応する．この点を幾何学的に求めるには，原点 $O(0, 0)$ と $\alpha_1(a_1, b_1)$, $\alpha_2(a_2, b_2)$ を結ぶ線分をそれぞれ $\overline{O\alpha_1}$, $\overline{O\alpha_2}$ として，$\overline{O\alpha_1}$, $\overline{O\alpha_2}$ を2辺とする平行四辺形を作ればよい．このとき点 $\alpha_1 + \alpha_2$ は，得られた平行四辺形の残りの頂点に対応している(図1-3)．

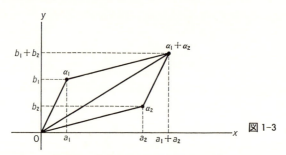

図1-3

(2) 原点 O と α_1, $\alpha_1 + \alpha_2$ を頂点とする三角形を考える．この三角形の3辺の長さはそれぞれ，$|\alpha_1 + \alpha_2|$, $|\alpha_1|$, $|\alpha_1 + \alpha_2 - \alpha_1| = |\alpha_2|$ で与えられる．ここで三角形の2辺の長さの和は他の1辺の長さよりも大きいから，次の不等式 $|\alpha_1| + |\alpha_2| \geqq |\alpha_1 + \alpha_2|$ が成り立つことがわかる．同様にして，原点 O と α_1, α_2 を頂点とする三角形の3辺の長さはそれぞれ，$|\alpha_1|$, $|\alpha_2|$, $|\alpha_1 - \alpha_2|$ で与えられるから，$|\alpha_1| \leqq |\alpha_1 - \alpha_2| + |\alpha_2|$ となり，不等式 $|\alpha_1| - |\alpha_2| \leqq |\alpha_1 - \alpha_2|$ が得られる． ∎

ところで実数の場合，実定数を $a, b, \cdots$，実変数を x, y などで表わすことが多いが，複素数の場合にも複素定数をこれまで同様にギリシャ文字 $\alpha, \beta, \cdots$ を

使って表わし，複素数の変数を $z=x+yi$, $w=u+vi$ などで表わすことにする．

例題 1.4 複素平面上で点 α を中心とする半径 r の円を C とする．C を表わす式を求めよ．

[解] C 上の点を z で表わせば，中心 α から点 z までの距離は r に等しいから，この円の方程式は

$$|z-\alpha| = r \tag{1.26}$$

で与えられる(図 1-4)．ここで $z=x+iy$, $\alpha=a+ib$ とおけば，$z-\alpha=(x-a)+(y-b)i$ から，$|z-\alpha|^2=(x-a)^2+(y-b)^2$ となる．ゆえに (1.26) は

$$(x-a)^2+(y-b)^2 = r^2 \tag{1.27}$$

となり，これは直交座標 x, y を使って表わした円の方程式に等しい．特に原点を中心とする半径 1 の円は $|z|=1$ で与えられる．∎

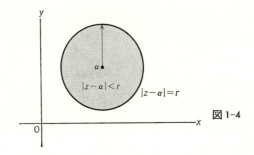

図 1-4

例題 1.4 から，点 α を中心とする半径 r の円 C の内部の点 z は，z と α の距離 $|z-\alpha|$ が r より小さい点の集合だから，不等式 $|z-\alpha|<r$ をみたすことがわかる．同様にして，C の外部の点 z は，不等式 $|z-\alpha|>r$ をみたす．これらの不等式はいずれも，複素平面上で z が動きうる範囲を表わしていることに注意しよう．z のとりうる範囲が，たとえば $|z-\alpha|<r$ のように，境界上の点を含まないとき，これを z の**領域**と呼ぶ．

━━━━━━━━━━━━━━ 問 題 1-4 ━━━━━━━━━━━━━━

1. 次の複素数を，複素平面に図示せよ．

(1) $\alpha_1 = 1$ (2) $\alpha_2 = i$ (3) $\alpha_3 = 2+2i$ (4) $\alpha_4 = -\alpha_3$
(5) $\alpha_5 = \bar{\alpha}_3$ (6) $\alpha_6 = -\bar{\alpha}_3$

1-5 複素数の極形式

複素平面上の点は極座標を用いて表わすこともできる．複素平面上の点 $\alpha = a+bi$ を，極座標 (r, θ) を用いて表わすと(図 1-5)，$a = r\cos\theta$, $b = r\sin\theta$ が成り立つから，α は

$$\alpha = a + bi = r(\cos\theta + i\sin\theta) \tag{1.28}$$

と表わされる．これを複素数の**極形式**(または**極表示**)という．このとき r は α の絶対値に等しい．また θ は α の**偏角**と呼ばれ，$\theta = \arg\alpha$(アーギュメント・アルファと読む)と表わす．

$$r = |\alpha|, \quad \theta = \arg\alpha \tag{1.29}$$

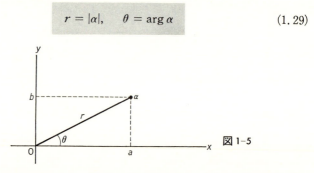

図 1-5

ところで与えられた複素数 α に対して，その偏角は1通りには決まらずに，2π の整数倍の不定性が残ることに注意しよう．すなわち，$\arg\alpha$ の可能な1つの値を θ とすれば，$\theta + 2n\pi$ ($n = 0, \pm1, \pm2, \cdots$) も α の偏角になる．これは $\cos(\theta + 2n\pi) = \cos\theta$, $\sin(\theta + 2n\pi) = \sin\theta$ となるから，θ のかわりに $\theta + 2n\pi$ を偏角にとっても，同じ複素数 α を表わすからである．

極形式では，複素数の積，商について次の公式が成り立つ．すなわち三角関数の和と差の公式から，$\alpha_1 = r_1(\cos\theta_1 + i\sin\theta_1)$, $\alpha_2 = r_2(\cos\theta_2 + i\sin\theta_2)$ に対し

て，その積は
$$\alpha_1\alpha_2 = r_1r_2(\cos\theta_1+i\sin\theta_1)(\cos\theta_2+i\sin\theta_2)$$
$$= r_1r_2\{\cos(\theta_1+\theta_2)+i\sin(\theta_1+\theta_2)\} \quad (1.30)$$
となる．幾何学的にはこれは図 1-6 のように作図できる．ここで 2 つの三角形は相似にとってある．

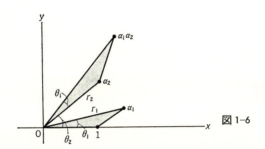

図 1-6

2 つ以上の複素数の積については，これをくりかえしつかって
$$\alpha_1\alpha_2\cdots\alpha_n = r_1r_2\cdots r_n\{\cos(\theta_1+\theta_2+\cdots+\theta_n)+i\sin(\theta_1+\theta_2+\cdots+\theta_n)\} \quad (1.31)$$
が得られる．また α_1 と α_2 の商は
$$\frac{\alpha_1}{\alpha_2} = \frac{r_1}{r_2}\{\cos(\theta_1-\theta_2)+i\sin(\theta_1-\theta_2)\} \quad (1.32)$$
となる．次に，(1.31) で特に $\alpha_1=\alpha_2=\cdots=\alpha_n=\alpha=r(\cos\theta+i\sin\theta)$ とおけば，
$$\alpha^n = r^n(\cos\theta+i\sin\theta)^n = r^n(\cos n\theta+i\sin n\theta) \quad (1.33)$$
となり，これから次の公式
$$\boxed{(\cos\theta+i\sin\theta)^n = \cos n\theta+i\sin n\theta} \quad (1.34)$$
が得られる．これを**ド・モアブル** (de Moivre) **の公式**と呼ぶ．この公式は n が正の場合だけでなく，$n=0$ や n が負の場合，n が有理数の場合にも成り立つ．

例題 1.5 次の複素数を，極形式で表わせ．

(1) $-1+i$ (2) $-2i$ (3) $\dfrac{\sqrt{3}}{2}+\dfrac{i}{2}$ (4) $2-2i$

[解]　$\alpha_1=-1+i$, $\alpha_2=-2i$, $\alpha_3=\dfrac{\sqrt{3}}{2}+\dfrac{i}{2}$, $\alpha_4=2-2i$ とおけば，これらの複素数は，図1-7に図示された点に対応する．したがって，与えられた複素数の極形式は，それぞれ次の式で与えられる．

$$\alpha_1 = \sqrt{2}\left(\cos\frac{3}{4}\pi + i\sin\frac{3}{4}\pi\right), \quad \alpha_2 = 2\left(\cos\frac{3}{2}\pi + i\sin\frac{3}{2}\pi\right)$$

$$\alpha_3 = \cos\frac{1}{6}\pi + i\sin\frac{1}{6}\pi, \quad\quad \alpha_4 = 2\sqrt{2}\left(\cos\frac{7}{4}\pi + i\sin\frac{7}{4}\pi\right)$$

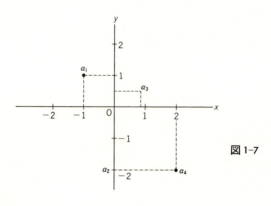

図1-7

複素数の n 乗根

任意の正の整数 n に対して，$\alpha=\beta^n$ が成り立つとき，β を複素数 α の **n 乗根**といい，$\beta=\alpha^{1/n}$ で表わす．複素数 α の n 乗根を求めるために，$\alpha=r(\cos\theta+i\sin\theta)$, $\beta=\rho(\cos\varphi+i\sin\varphi)$ とおけば，(1.34) から $r(\cos\theta+i\sin\theta)=\rho^n(\cos n\varphi+i\sin n\varphi)$ が成り立つ．これから次の関係式

$$r = \rho^n, \quad n\varphi = \theta + 2k\pi \quad (k=0, \pm 1, \pm 2, \cdots)$$

が得られる．よって，ρ, φ は，$\rho=r^{1/n}$, $\varphi=\theta/n+2(k/n)\pi$ となり，α の n 乗根 $\alpha^{1/n}$ は

$$\begin{aligned}\alpha^{1/n} &= \{r(\cos\theta+i\sin\theta)\}^{1/n} \\ &= r^{1/n}\left\{\cos\left(\frac{\theta}{n}+2\pi\frac{k}{n}\right)+i\sin\left(\frac{\theta}{n}+2\pi\frac{k}{n}\right)\right\}\end{aligned} \quad (1.35)$$

で与えられることがわかる．ただし $k=0, 1, 2, \cdots, n-1$（ここで k のとる値を 0

から $n-1$ までの n 個の値に制限したのは，k がそれ以外の整数値をとっても，$\alpha^{1/n}$ は (1.35) のいずれかの値に等しくなるからである）．この結果，零でない任意の複素数は，n 個の異なる n 乗根をもつことがわかる．これらの n 乗根の絶対値はすべて等しく，偏角は $2\pi/n$ ずつ異なっている．

例題 1.6 $(1+i)^{1/3}$ をすべて求め，これを複素平面上に図示せよ．

[解] $1+i = \sqrt{2}\left(\cos\dfrac{\pi}{4} + i\sin\dfrac{\pi}{4}\right)$ だから

$$(1+i)^{1/3} = (\sqrt{2})^{1/3}\left\{\cos\left(\frac{\pi}{12} + \frac{2k}{3}\pi\right) + i\sin\left(\frac{\pi}{12} + \frac{2k}{3}\pi\right)\right\}$$

ただし $k = 0, 1, 2$. 各 k に対して，対応する複素数を α_k とおけば

$$\alpha_0 = 2^{1/6}\left(\cos\frac{\pi}{12} + i\sin\frac{\pi}{12}\right), \quad \alpha_1 = 2^{1/6}\left(\cos\frac{9}{12}\pi + i\sin\frac{9}{12}\pi\right),$$

$$\alpha_2 = 2^{1/6}\left(\cos\frac{17}{12}\pi + i\sin\frac{17}{12}\pi\right)$$

となり，図 1-8 の各点に対応する．∎

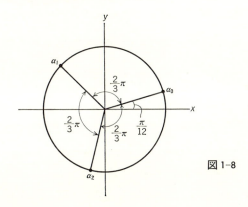

図 1-8

オイラー (Euler) の公式

虚数 $i\theta$ を変数とする指数関数 $e^{i\theta}$ を，天下りに次式

$$e^{i\theta} = \cos\theta + i\sin\theta \tag{1.36}$$

で定義する．これを**オイラー (Euler) の公式**と呼ぶ．

オイラーの公式を使えば，複素数 α は極形式 (1.28) により

16 —— **1** 複素数と複素平面

$$\alpha = r(\cos\theta + i\sin\theta) = re^{i\theta}, \quad \bar\alpha = re^{-i\theta} \tag{1.37}$$

と表わすことができる．(1.36)から次の公式が導かれる．

(1) $|e^{i\theta}| = 1$ (2) $e^{i\theta_1}e^{i\theta_2} = e^{i(\theta_1+\theta_2)}$

(3) $(e^{i\theta})^{-1} = \cos\theta - i\sin\theta = e^{-i\theta}$ (4) $(e^{i\theta})^n = e^{in\theta}$

(5) $e^{n\pi i} = (-1)^n, \quad e^{(n+1/2)\pi i} = (-1)^n i$ $\tag{1.38}$

(6) $\cos\theta = \dfrac{e^{i\theta}+e^{-i\theta}}{2}, \quad \sin\theta = \dfrac{e^{i\theta}-e^{-i\theta}}{2i}$

(7) $\dfrac{de^{i\theta}}{d\theta} = ie^{i\theta}, \quad \dfrac{d^2e^{i\theta}}{d\theta^2} = -e^{i\theta}$

上の公式から $e^{i\theta}$ の掛算・割算は，実数の指数関数 e^x の掛算・割算と同様に計算してよいことがわかる．

例題 1.7 $e^{i\theta}$ の公式(1.38)を証明せよ．

[解] (1) $|e^{i\theta}| = |\cos\theta + i\sin\theta| = \sqrt{\cos^2\theta + \sin^2\theta} = 1$

(2) (1.30)から
$$e^{i\theta_1}e^{i\theta_2} = \cos(\theta_1+\theta_2) + i\sin(\theta_1+\theta_2) = e^{i(\theta_1+\theta_2)}$$

(3) $(e^{i\theta})^{-1} = \dfrac{1}{\cos\theta + i\sin\theta} = \cos\theta - i\sin\theta = e^{-i\theta}$

(4) ド・モアブルの公式から
$$(e^{i\theta})^n = (\cos\theta + i\sin\theta)^n = \cos n\theta + i\sin n\theta = e^{in\theta}$$

(5) $e^{n\pi i} = \cos n\pi = (-1)^n$

$e^{(n+1'/2)\pi i} = i\sin(n+1/2)\pi = (-1)^n i$

(6) $e^{i\theta} = \cos\theta + i\sin\theta, \ e^{-i\theta} = \cos\theta - i\sin\theta$ より
$$\cos\theta = \frac{1}{2}(e^{i\theta}+e^{-i\theta}), \quad \sin\theta = \frac{1}{2i}(e^{i\theta}-e^{-i\theta})$$

(7) 定義から
$$\frac{d}{d\theta}e^{i\theta} = \frac{d}{d\theta}(\cos\theta + i\sin\theta) = -\sin\theta + i\cos\theta = ie^{i\theta}$$

$$\frac{d^2e^{i\theta}}{d\theta^2} = i\frac{d}{d\theta}e^{i\theta} = -e^{i\theta} \quad \blacksquare$$

第 1 章演習問題 —— 17

例題 1.8　ド・モアブルの公式を用いて次の倍角公式を確かめよ．

$$\cos 2\theta = \cos^2\theta - \sin^2\theta, \qquad \sin 2\theta = 2\sin\theta\cos\theta$$

$$\cos 3\theta = \cos^3\theta - 3\cos\theta\sin^2\theta, \qquad \sin 3\theta = 3\cos^2\theta\sin\theta - \sin^3\theta$$

[解]　ド・モアブルの公式で $n=2$ とおけば

$$\cos 2\theta + i\sin 2\theta = (\cos\theta + i\sin\theta)^2 = \cos^2\theta - \sin^2\theta + 2i\sin\theta\cos\theta$$

同様に $n=3$ とおけば

$$\cos 3\theta + i\sin 3\theta = (\cos\theta + i\sin\theta)^3$$

$$= \cos^3\theta - 3\cos\theta\sin^2\theta + i(3\cos^2\theta\sin\theta - \sin^3\theta)$$

これらの式の実部と虚部から，与えられた式が得られる．▮

━━━━━━━━━━━━━━━━━━ 問　題 1–5 ━━━━━━━━━━━━━━━━━━

1. $\alpha = -2i$ の平方根を求めよ．

2. $z(t) = e^{i\omega t}$ と $z(t) = e^{-i\omega t}$ は次の微分方程式

$$\frac{d^2 z(t)}{dt^2} + \omega^2 z(t) = 0$$

を満たすことを確かめよ．したがって $z = \alpha e^{i\omega t} + \beta e^{-i\omega t}$ は，上の微分方程式の解であることがわかる．ただし α, β は任意の複素定数とする．

━━

第 1 章 演 習 問 題

[1]　次の複素数を極形式で表わせ．ただし n は整数とする．

　(1)　$1+i$ 　　(2)　$1-i$ 　　(3)　$1+\sqrt{3}\,i$

　(4)　$\sqrt{3}+i$ 　　(5)　$(1+i)^n$ 　　(6)　$(1+\sqrt{3}\,i)^n + (1-\sqrt{3}\,i)^n$

[2]　$\alpha = r(\cos\theta + i\sin\theta)$ とおいたとき，次の式を証明せよ．

$$\alpha^{n/m} = r^{n/m}\left\{\cos\left(\frac{n}{m}\theta + \frac{2nk}{m}\pi\right) + i\sin\left(\frac{n}{m}\theta + \frac{2nk}{m}\pi\right)\right\}$$

ただし m, n は任意の自然数，また $k = 0, 1, \cdots, m-1$ とする．

[3] 次の複素数の値をすべて求めよ．

(1) $(-i)^{1/3}$ (2) $(1+i)^{2/3}$

[4] 複素平面上の点 α, β を焦点とし，長軸の長さ $2a$ の楕円の方程式を，複素変数 $z=x+iy$ をつかって表わせ．ただし $|\alpha-\beta|<2a$ とする．特に $\alpha=-\beta=c, 0<c<a$ のとき，この方程式は

$$\frac{x^2}{a^2}+\frac{y^2}{a^2-c^2}=1$$

と書けることを示せ．

[5] 次の不等式をみたす z の範囲を求めよ．

$$\left|\frac{z-1}{z+1}\right|^2 > 2$$

[6] 次の式を証明せよ．

(1) $1+z+z^2+\cdots+z^{n-1}=\dfrac{1-z^n}{1-z}$，ただし $z\neq 1$ とする．

(2) $\displaystyle\sum_{k=0}^{n-1}\cos k\theta=\frac{\sin n\theta/2}{\sin \theta/2}\cos\frac{n-1}{2}\theta$

$\displaystyle\sum_{k=0}^{n-1}\sin k\theta=\frac{\sin n\theta/2}{\sin \theta/2}\sin\frac{n-1}{2}\theta$

2

複素関数とその微分

複素数を変数とする関数(複素関数)を導入する．実
関数は，グラフで表わすことによって，その性質を
一目で見ることができる．同様に，複素関数も，幾
何学的に表示することが重要である．複素関数の微
分は，形式的には実関数の微分と同様に定義できる
が，複素変数の関数であることによる特有な性質を
もつことに十分注意しょう．微分可能な複素関数は，
正則関数と呼ばれ，それは以下の章で主役をなすと
同時に，流体力学・電磁気学など理工学の広い分野
で応用されている．

20 —— **2** 複素関数とその微分

2-1 複素数の関数

複素数 z を変数とする関数を**複素関数**といい，$w=f(z)$，$w=g(z)$ などで表わす．z を独立変数といい，z によって決まる複素数 w を従属変数と呼ぶ．

w は z のすべての値に対して定義されている場合もあるが，z のある範囲でだけ定義されていることもある．$w=f(z)$ について，z の動く範囲を $f(z)$ の**定義域**という．またこのとき z の変化に応じて，w の動く範囲を $f(z)$ の**値域**という．

$w=f(z)$ で $z=x+iy$ とおけば，$f(z)$ は 2 つの実変数 x,y の関数となる．ここで w の実部, 虚部をそれぞれ u,v で表わすと，

$$w = f(x+iy) = u(x, y) + iv(x, y) \tag{2.1}$$

となり，複素関数 $w=f(z)$ から，実変数 x,y の実数値関数 $u=u(x, y)$ と $v=v(x, y)$ が得られる．この意味で，複素関数は，2 つの実関数の組 $u(x, y)$, $v(x, y)$ によって与えられると考えることもできる．

実関数をグラフで表示したように，複素関数を幾何学的に表わすためには，2 つの複素平面を用意することが必要になる．これらの複素平面のうち，独立変数 z が動く複素平面を **z 平面**，従属変数 w が動く平面を **w 平面**と呼ぶ．さて，z 平面上の領域 D を定義域とする関数 $w=f(z)$ が，w 平面上で値域 D' をもつものとする．このとき，D 内の任意の 1 点 z は，$w=f(z)$ によって D' 内の点に対応させられるが，$f(z)$ が異なればその対応の仕方も異なる．したがって，<u>D 内の点と D' 内の点の対応関係が，複素関数 $w=f(z)$ の幾何学的表示を与える</u>のである（図 2-1）．

例題 2.1 複素関数 $w=z^2$ を考える．この関数について

(1) 点 $z_1=2+i$, $z_2=1+i$, $z_3=i$, $z_4=-1+i$, $z_5=-2+i$ があたえられたとき，対応する w の値 w_1, w_2, w_3, w_4, w_5 を w 平面に図示せよ．

(2) $z=x+iy$, $w=u+iv$ とおいて，$u(x, y)$, $v(x, y)$ を求めよ．

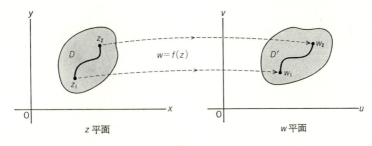

図 2-1

(3) z 平面上で実軸に平行な直線 $z=x+i$ に対応する w 平面上の曲線を求めよ.

[解] (1) $w_1=z_1{}^2=3+4i$, $w_2=z_2{}^2=2i$, $w_3=z_3{}^2=-1$, $w_4=z_4{}^2=-2i$, $w_5=z_5{}^2=3-4i$ となるから, 対応する $w_k (k=1,2,\cdots,5)$ は, 図 2-2 の w 平面で与えられる.

(2) $w=u+iv=z^2=(x+iy)^2=(x^2-y^2)+2ixy$ となり, u,v は $u=x^2-y^2$, $v=2xy$ で与えられる.

(3) (1)の結果, z 平面で実軸に平行な直線 $z=x+i$ 上の点 z_k に対応する $w_k (k=1,2,\cdots,5)$ は, w 平面のある曲線上にあることが推測される. この曲線を求めるために, $u=x^2-y^2$, $v=2xy$ で $y=1$ とおけば, $u=x^2-1$, $v=2x$ となる. ここで x を消去すれば, $u=v^2/4-1$ となり, 求める曲線は放物線であるこ

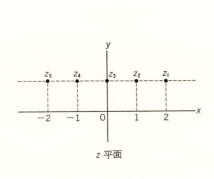
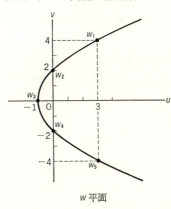

図 2-2

22 —— **2** 複素関数とその微分

とがわかる. ▌

複素関数 $w = f(z)$ で，変数 z の値に対して w の値がただ 1 つ決まるとき，$f(z)$ は z の **1 価関数**であるという．例題 2.1 の関数 $w = z^2$ では，与えられた $z_k\,(k=1,2,\cdots,5)$ に対して，おのおのただ 1 つの $w_k\,(k=1,2,\cdots,5)$ が対応した．したがって，$w = z^2$ は z の 1 価関数であることがわかる．

一方，与えられた z に対して，2 つ以上の w が対応するとき，$w = f(z)$ は z の**多価関数**であるという．対応する w の値が n 個 $(n \geqq 1)$ 存在するとき，$f(z)$ は n 価関数と呼ばれる．多価関数については，第 7 章で調べることにして，今後，特にことわらないかぎり，関数は 1 価関数であるものとする．

|||||||||||||||||||||||||||||||||||||||||||||||||||||||| **問　題 2-1** ||||||||||||||||||||||||||||||||||||||||||||||||||||||||

1. 次の式で，$z = x + iy$，$w = u(x,y) + iv(x,y)$ とおいたとき，$u(x,y)$, $v(x,y)$ を求めよ．

(1)　$w = 2z^3 + z$　　　(2)　$w = (4z + z^2)(z+3)$

2. $w = z^2$ のとき，z 平面の直線 $z = x + i(x+1)$ に対応する w 平面上の曲線を求めよ．

|||||||||||||||||||||||||||||||||||||||||||||||||||||||||||||||||||||||||||||||||||||||||||||||||||||||||||||||||||||||||||||||||||||||||||

2-2　複素関数の極限値と連続性

極 限 値

領域 D で定義された複素関数 $w = f(z)$ を考える．いま z が D 内を移動して，ある点 z_0 (z_0 は必ずしも D に含まれていなくてもよい) に近づくとき，w が w 平面内の 1 点 w_0 に限りなく近づくならば，$f(z)$ は $z = z_0$ で，**極限値** w_0 をもつといい

$$\lim_{z \to z_0} f(z) = w_0 \qquad \text{または} \qquad z \to z_0 \text{ で} \quad f(z) \to w_0 \qquad (2.2)$$

と表わす．

複素平面では z が z_0 に近づくとき，その近づき方は無数に考えられる．そ

2-2 複素関数の極限値と連続性 ── 23

こで複素関数の極限については，次のことを要求する．すなわち，$w=f(z)$ が $z=z_0$ で極限値 w_0 をもつということは，z_0 にどの方向から近づいても，w は w_0 に近づくことが必要である．

例題 2.2 $w=z^2$ について

(1) 実軸に平行な直線にそって点 $z=1+i$ に近づくとき，w のとる値を求めよ．

(2) 虚軸に平行な直線にそって点 $z=1+i$ に近づくとき，w のとる値を求めよ．

(3) 与えられた関数は $z=1+i$ で極限値をもつことを示し，その値を求めよ．

[解] (1) z 平面で点 $1+i$ を通り実軸に平行な直線は，$z=x+i$ で与えられる．したがってこの直線上では，w は $w=(x+i)^2=(x^2-1)+2ix$ で与えられる．ここで $x\to1$ ととれば，$z\to1+i$, $w\to2i$. よって求める w の値は，$2i$ に等しい．

(2) 与えられた直線は $z=1+iy$ と表わされるから，この直線上では w は $w=(1+iy)^2=(1-y^2)+2iy$ となる．ここで $y\to1$ のとき，$z\to1+i$, $w\to2i$.

(3) 上の結果から w が $z=1+i$ で極限値をもつとすれば，その値は $2i$ に等しいことが予想される．実際 $w=z^2$ は，$z=1+i$ で極限値 $2i$ をもつことが次のようにして示される．任意の実数 r に対して，$z=1+i+re^{i\theta}$ ととれば，

$$z^2 = 2i+2(1+i)re^{i\theta}+r^2e^{2i\theta}$$

となる．ここで $r\to0$ とすれば，近づく方向によらず（θ に関係なく）$z\to1+i$, $z^2\to2i$ となるから，関数 $w=z^2$ は $z=1+i$ で極限値 $2i$ をもつことがわかる．|

複素関数 $w=f(z)$ が極限値をもつとき，それは 1 通りに決まる．また関数の極限値については，次の公式が成り立つ．すなわち，$f(z)$, $g(z)$ が $z=z_0$ で極限値

$$\lim_{z\to z_0} f(z) = \alpha, \qquad \lim_{z\to z_0} g(z) = \beta$$

をもつとき，これらの関数の和，差，積，商からなる関数の極限値は，それぞれ

(1) $\displaystyle\lim_{z\to z_0}(f(z)\pm g(z))=\alpha\pm\beta$ (2) $\displaystyle\lim_{z\to z_0}f(z)g(z)=\alpha\beta$

(3) $\displaystyle\lim_{z\to z_0}\frac{f(z)}{g(z)}=\frac{\alpha}{\beta}$ $(\beta\neq0)$ (2.3)

24 —— **2** 複素関数とその微分

で与えられる.

例題2.3 $f(z)=\dfrac{z^2+1}{z+i}$ $(z\neq-i)$ は, $z=-i$ では定義されていないが, この点で極限値 $-2i$ をもつことを示せ.

[解] 仮定から $f(z)$ は $z=-i$ では定義されていない. $z\neq-i$ のとき, $f(z)$ は $f(z)=\dfrac{(z-i)(z+i)}{z+i}=z-i$ となる. ここで $z\to-i$ の極限を考えれば, $f(z)\to$ $-2i$ となるから, この関数は $z=-i$ で極限値 $-2i$ をもつ. ▮

複素関数の連続性

複素関数 $w=f(z)$ が, 次の3つの条件 (1) $z=z_0$ で $f(z_0)$ が存在し, (2) $\lim\limits_{z\to z_0}$ $f(z)=w_0$ が存在して, (3) $w_0=f(z_0)$ が成り立つ, を同時に満たすとき, $f(z)$ は $z=z_0$ で**連続**であるという. たとえば $f(z)=z^2$ は $z=1+i$ で定義されていて, $f(1+i)=2i$ となる. また例題2.2から, $\lim\limits_{z\to(1+i)}f(z)=2i$. したがって $\lim\limits_{z\to(1+i)}f(z)=$ $f(1+i)$ が成り立つから, $f(z)$ は $z=1+i$ で連続であることがわかる. 一般に, z の n 乗 z^n およびこれらの和からなる z の多項式は連続関数である.

連続関数の基本公式

(1) $f(z)$, $g(z)$ が $z=z_0$ で連続ならば

$$f(z)\pm g(z),\qquad f(z)g(z),\qquad \frac{f(z)}{g(z)}$$

も $z=z_0$ で連続である. ただし $\dfrac{f(z)}{g(z)}$ については $g(z_0)\neq0$ とする.

(2) $w=f(z)$, $z=g(\zeta)$ がそれぞれ $z=z_0$, $\zeta=\zeta_0$ で連続で, $z_0=g(\zeta_0)$ が成り立つならば, 合成関数 $w=f(g(\zeta))$ は $\zeta=\zeta_0$ で連続である.

(3) $f(z)$ が $z=z_0$ で連続ならば, $f(z)$ の実部 $u(x,y)$, 虚部 $v(x,y)$ はそれぞれ $x=x_0$, $y=y_0$ で連続である. ただし $z_0=x_0+iy_0$ とする.

例題2.4 次の関数の $z=-i$ における連続性を調べよ.

$$f(z)=\frac{z^2+1}{z+i}\qquad(z\neq-i)$$

[解] 与えられた関数は, $z=-i$ で定義されていないから, $f(-i)$ は存在しない. よって $f(z)$ は, $z=-i$ で連続でない. しかし例題2.3でみたように, この関数は $z=-i$ で極限値 $\lim\limits_{z\to-i}f(z)=-2i$ をもつ. そこで $f(z)$ を改めて

$$f(z) = \begin{cases} \dfrac{z^2+1}{z+i} & (z \neq -i) \\ -2i & (z = -i) \end{cases}$$

のように定義しなおせば，新しく与えられた関数は，この点で連続性についてのすべての条件を満たすから，$z = -i$ で連続になる． ▌

　上の例のように，与えられた関数 $f(z)$ が，ある点 $z = z_0$ で定義されてはいないがそこで極限値をもつとき，あるいは定義されていてもその値が極限値に等しくない場合は，$f(z_0)$ を極限値に等しくなるように定義するかあるいは定義しなおすことによって，$f(z)$ は $z = z_0$ で連続になる．このとき $z = z_0$ は $f(z)$ の**除去可能な不連続点**であるという．

<hr />

問　題 2-2

1. 次の極限値を求めよ．

(1) $\displaystyle\lim_{z \to (1+i)} (z^2 - z + 2i)$
(2) $\displaystyle\lim_{z \to i} \frac{z+1}{z^2 + 2z}$

(3) $\displaystyle\lim_{z \to i} \frac{z^2 - (2+i)z + 2i}{z-i}$
(4) $\displaystyle\lim_{z \to 0} \frac{\bar{z}^2}{z}$

2. $w = \dfrac{\bar{z}}{z}$ $(z \neq 0)$ は，$z = 0$ で極限値をもたないことを示せ．

<hr />

2-3　複素関数の微分と正則関数

　複素数 $z = x + iy$ の関数を，z で微分するということの意味はわかりにくいかも知れない．そこで簡単な例からはじめよう．

　z^2 という関数は x と iy の関数なので $f(x, iy)$ と書くと

$$f(x, iy) = z^2 = (x+iy)^2 = x^2 - y^2 + 2ixy$$

したがってこれを x で微分すると

$$\frac{\partial f(x, iy)}{\partial x} = 2(x+iy) = 2z \tag{2.4}$$

となる。また iy で微分すると

$$\frac{\partial f(x,iy)}{\partial(iy)} = \frac{1}{i}\frac{\partial f(x,iy)}{\partial y} = \frac{2}{i}(-y+ix)$$
$$= 2(x+iy) = 2z \qquad (2.5)$$

となり，これらは等しい。

$$\frac{\partial f(x,iy)}{\partial x} = \frac{\partial f(x,iy)}{\partial(iy)}$$

上の微分を複素平面でみれば(図2-3)，はじめの微分 $\partial f(x,iy)/\partial x$ は実軸(x軸)にそって変数を変化させたときの微分であり，第2の微分 $\partial f(x,iy)/\partial(iy)$ は虚軸(y軸)にそって変数を変化させたときの微分である。そしてこれら2つの微分は等しいのである。次に任意の方向に x,y を微小な長さ $\Delta x, \Delta y$ だけ変化させたとき，$f(x,iy)$ の増分は

$$\Delta f(x,iy) = (x+\Delta x+i(y+\Delta y))^2 - (x+iy)^2$$
$$= 2(x+iy)(\Delta x+i\Delta y) + (\Delta x+i\Delta y)^2$$

となる。$\Delta x, \Delta y$ の変化の方向として，その傾きが k となるようにとれば，$\Delta y = k\Delta x$ が成り立つ。そこで，

$$\frac{\Delta f(x,iy)}{\Delta x+i\Delta y} = 2(x+iy)+(\Delta x+i\Delta y)$$

における傾き k にそった極限を考えれば，$\Delta x\to 0$ のとき，$\Delta y=k\Delta x\to 0$ でもあるので

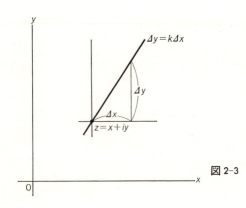

図 2-3

$$\lim_{\Delta x \to 0} \frac{\Delta f(x, iy)}{\Delta x + i\Delta y} = 2(x+iy) = 2z$$

となり，これは k に関係なく，(2.4), (2.5) で求めた実軸または虚軸にそった微分に等しくなる．これからわかるように，z^2 の微分は微分する方向によらず常に $2z$ に等しい．

ところで $\Delta x + i\Delta y = \Delta z$ は z の増分であるから，上式の左辺は z を変化させたときの $f(z)$ の変化率になる．そこでこれを $f(z)=z^2$ の z に関する微分係数といい

$$\lim_{\Delta z \to 0} \frac{\Delta f}{\Delta z} = \frac{df}{dz} = 2z$$

と書く．

次に一般の関数の場合はどうであろうか．まず x と iy の関数 $f(x, iy)$ を考え，これを上の例にしたがって x 方向，y 方向にそって微分したとき，その微分係数はそれぞれ $\dfrac{\partial f}{\partial x}$, $\dfrac{1}{i}\dfrac{\partial f}{\partial y}$ で与えられる．このとき $f(x, iy)$ が x と iy の任意の関数であれば，$\dfrac{\partial f}{\partial x}$ と $\dfrac{1}{i}\dfrac{\partial f}{\partial y}$ は必ずしも等しくない．しかし f が x と iy の和 $z = x+iy$ だけの関数 $f(z)=f(x+iy)$ ならば，f を x または iy で微分するには，これをまず形式的に z で微分し，次に z を x または iy で微分すればよいから

$$\frac{\partial f}{\partial x} = \frac{\partial f(z)}{\partial x} = \frac{df(z)}{dz}\frac{\partial z}{\partial x} = \frac{df}{dz}$$

$$\frac{\partial f}{\partial(iy)} = \frac{1}{i}\frac{\partial f(z)}{\partial y} = \frac{1}{i}\frac{df(z)}{dz}\frac{\partial z}{\partial y} = \frac{df}{dz}$$

となり，両者は一致する．さらに Δx と Δy を任意の方向に変化させたときの $f(z)=f(x+iy)$ の増分は

$$\Delta f(x+iy) = \frac{\partial f}{\partial x}\Delta x + \frac{\partial f}{\partial(iy)}(i\Delta y) + (\Delta x, \Delta y \text{ の高次の項})$$

$$= \frac{\partial f}{\partial x}(\Delta x + i\Delta y) + (\text{高次の項})$$

となるので，f の微分は

28 —— **2** 複素関数とその微分

$$\lim_{\Delta z \to 0} \frac{\Delta f(x+iy)}{\Delta z} = \frac{\partial f}{\partial x} = \frac{\partial f}{\partial(iy)}$$

に等しく，これは微分する方向によらない．したがって $f(x, iy)$ が z だけの関数 $f(z)$ ならば，その微分は方向によらず $\dfrac{\partial f}{\partial x}$ または $\dfrac{\partial f}{\partial(iy)}$ に等しいことがわかる．これが $f(z)$ の微分係数であって

$$\lim_{\Delta z \to 0} \frac{\Delta f(z)}{\Delta z} = \frac{df}{dz} \quad \left(= \frac{\partial f}{\partial x} = \frac{1}{i} \frac{\partial f}{\partial y} \right)$$

と表わす．

　以上のことをまとめて，複素関数 $f(z)$ の微分を次のように定義する．$f(z)$ が $z=z_0$ で次の極限値

$$\lim_{\Delta z \to 0} \frac{f(z_0+\Delta z) - f(z_0)}{\Delta z} \tag{2.6}$$

をもつとき，$f(z)$ は z_0 で **微分可能** であるといい，この極限を $f'(z)$，または df/dz で表わし，$f(z)$ の **導関数**(微分係数)という．微分可能な複素関数を **正則関数**(regular function)という．また，複素平面上の領域 D で定義された関数 $f(z)$ が，D の各点で微分可能ならば，この関数は D で **正則** であるという．一方，$f(z)$ が z_0 で微分可能でないとき，この点 z_0 を $f(z)$ の **特異点**(singular point)と呼ぶ．

　上で注意したように，f(z) が微分可能であるためには，$z=z_0+\Delta z$ から z_0 にどの方向から近づいても，(2.6)は常に同じ値をもつことが必要である．

　正則関数 $f(z)$ は定義によって微分可能だから，導関数をもつことは当然であるが，その導関数 $f'(z)$ もまた微分可能であることが示される(5-2節参照)．このことから $f'(z)$ の導関数 $f''(z)$ も微分可能であることがわかる．したがって正則関数は任意の高階導関数をもつことになり，それはテイラー級数に展開できる．複素関数のテイラー展開については，第6章で議論することにして，ここでは次の点に注意しよう．

　実関数の場合には，その関数が1階微分可能であっても，必ずしも高階微分可能であるとは限らない．このために微分可能な実関数のうち，さらに高階微

2-3 複素関数の微分と正則関数 —— 29

分可能でテイラー級数に展開できる関数を特に**解析関数**(analytic function)と呼ぶ. 同様にして複素関数についても, テイラー展開可能な関数を(複素)解析関数と呼ぶ. しかし上に述べたことから, 正則な関数はすべてテイラー展開できるから, 正則関数はまた解析関数でもあることがわかる. したがって複素関数では, 正則関数と解析関数を特に区別する必要はない.

例題 2.5 次の関数 $f(z)$ の導関数を求めよ.

(1) α (α は定数)　　(2) z

(3) z^n (n は正の整数)　　(4) $\dfrac{1}{z}$ ($z \neq 0$)

[解] (1) $f = \alpha$ より, $f(z+\Delta z) = f(z) = \alpha$, よって $f'(z) = 0$.

(2) $f(z) = z$ より, $f'(z) = \lim\limits_{\Delta z \to 0} \dfrac{(z+\Delta z)-z}{\Delta z} = 1$

(3) $f(z) = z^n$ より, $f'(z) = \lim\limits_{\Delta z \to 0} \dfrac{(z+\Delta z)^n - z^n}{\Delta z}$

$$= \lim_{\Delta z \to 0} \frac{1}{\Delta z}\left\{ nz^{n-1}\Delta z + \frac{n(n-1)}{2}z^{n-2}(\Delta z)^2 + \cdots + (\Delta z)^n \right\} = nz^{n-1}$$

(4) $f(z) = \dfrac{1}{z}$ より, $f'(z) = \lim\limits_{\Delta z \to 0} \dfrac{1}{\Delta z}\left(\dfrac{1}{z+\Delta z} - \dfrac{1}{z} \right) = -\dfrac{1}{z^2}$, この場合, 点

$z=0$ では $f'(z)$ は存在しないから, $z=0$ は $f(z) = \dfrac{1}{z}$ の特異点である. ▌

微分に関する基本公式

$f(z), g(z)$ が z 平面の領域 D で正則であるとき, 次の公式が成り立つ.

(1) $(\alpha f(z))' = \alpha f'(z)$ 　　(α は定数) $\hspace{3cm}$ (2.7)

(2) $(f(z) \pm g(z))' = f'(z) \pm g'(z)$ $\hspace{3cm}$ (2.8)

(3) $(f(z)g(z))' = f'(z)g(z) + f(z)g'(z)$ $\hspace{2.5cm}$ (2.9)

(4) $\left(\dfrac{f(z)}{g(z)} \right)' = \dfrac{f'(z)g(z) - f(z)g'(z)}{g^2(z)}$ 　($g(z) \neq 0$) $\hspace{1cm}$ (2.10)

(5) $w = f(\zeta)$, $\zeta = g(z)$ で, $f(\zeta)$ が ζ 平面の領域 D' ($D' = g(D)$) で正則であるとき,

$$\frac{dw}{dz} = f'(g(z))g'(z) \hspace{3cm} (2.11)$$

(6) $w=f(z)$ の逆関数を，$z=g(w)$ で表わすとき

$$\frac{dw}{dz} = \frac{1}{\dfrac{dg}{dw}} \qquad \left(\frac{dg}{dw} \neq 0\right) \tag{2.12}$$

等 角 写 像

ところで例題 2.5 でみたように，$f(z)=z^n$ は $z=z_0$ で微分可能で，その導関数は $f'(z_0)=nz_0^{n-1}$ で与えられる．このとき z_0 の近くの点 $z_0+\Delta z$ で $f(z_0+\Delta z)$ は

$$f(z_0+\Delta z) = (z_0+\Delta z)^n = z_0^n + nz_0^{n-1}\Delta z + \cdots + (\Delta z)^n$$

となるが，これは $f'(z_0)$ をつかえば

$$f(z_0+\Delta z) = f(z_0)+f'(z_0)\Delta z+(\Delta z \text{ の 2 次以上の項})$$

と表わされる．同様にして，一般に $f(z)$ が点 z_0 で微分可能ならば，z_0 の近くの任意の点 $z_0+\Delta z$ で，$f(z_0+\Delta z)$ は

$$f(z_0+\Delta z) = f(z_0)+f'(z_0)\Delta z+\delta(z_0,\Delta z) \tag{2.13}$$

と表わすことができる．ただし $\delta(z_0,\Delta z)$ は 0 または Δz の 2 次以上を含む項を表わすものとする．

ここで点 z_0 で交わる z 平面上の曲線 C_1, C_2 を考える．これらの曲線は正則関数 $w=f(z)$ によって，$w_0=f(z_0)$ で交わる w 平面上の曲線 C_1', C_2' に対応するものとする(図 2-4)．さて，θ は z_0 における C_1 と C_2 の接線の交角，θ' は w_0 における C_1' と C_2' の接線の交角を表わすとして，θ と θ' の関係を求めよう．C_1, C_2 上でそれぞれ点 z_0 に近いところに点 $z_1=z_0+\Delta_1 z$, $z_2=z_0+\Delta_2 z$ をと

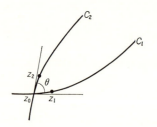
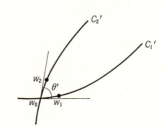

$\theta = \theta'$

図 2-4

れば，z_1, z_2 は C_1', C_2' 上で w_0 の近くの点 $w_1 = f(z_1) = w_0 + \Delta_1 w$, $w_2 = f(z_2) = w_0 + \Delta_2 w$ に対応する．ところで，θ は複素数 $z_1 - z_0$ と $z_2 - z_0$ の偏角の差に等しいから，$\theta = \arg(z_1 - z_0) - \arg(z_2 - z_0)$ で与えられる．同じようにして，$\theta' = \arg(w_1 - w_0) - \arg(w_2 - w_0)$ となるから，(2.13) から，$w_1 - w_0 = f'(z_0) \Delta_1 z$, $w_2 - w_0 = f'(z_0) \Delta_2 z$ となるので，

$$\begin{aligned}
\theta' &= \arg(f'(z_0)\Delta_1 z) - \arg(f'(z_0)\Delta_2 z) \\
&= \arg f'(z_0) + \arg(\Delta_1 z) - \arg f'(z_0) - \arg(\Delta_2 z) \\
&= \arg(\Delta_1 z) - \arg(\Delta_2 z) = \theta
\end{aligned}$$

が成り立つ．ここで複素数の積の偏角は，おのおのの偏角の和に等しいことをつかった（(1.30)参照）．この結果，z 平面上の曲線 C_1, C_2 を，微分可能な関数 $f(z)$ で w 平面上の曲線 C_1', C_2' に対応させたとき，それらの交角は互いに等しいことがわかる．このように交角が等しくなるように対応させることを，**等角写像**という．上で示したように，正則関数による z 平面から w 平面への対応は，等角写像であることがわかる．

‖‖‖‖‖‖‖‖‖‖‖‖‖‖‖‖‖‖‖‖‖‖‖‖‖‖‖‖‖‖‖‖ **問　題 2-3** ‖‖‖‖‖‖‖‖‖‖‖‖‖‖‖‖‖‖‖‖‖‖‖‖‖‖‖‖‖‖‖‖

1. $w = \dfrac{z + \bar{z}}{2}$ は，微分可能でないことを示せ．

‖‖

2-4　コーシー・リーマンの微分方程式

複素関数 $f(z)$ には，実関数の組 $u(x, y)$, $v(x, y)$ が対応することは，すでに述べたところである．また逆に，任意の実関数の組から複素関数を定義することも可能である．しかしこれは一般的な関数を考えた場合であって，理工学の分野で重要な役割を果たす微分可能な複素関数（正則関数）には，特別な関係で結ばれる実関数の組が対応することに注意しよう．この関係を求めるために，(2.6) で $z = x + iy$, $f(z) = u(x, y) + iv(x, y)$ とおけば

32 —— **2** 複素関数とその微分

$$\lim_{\Delta z \to 0} \frac{f(z+\Delta z)-f(z)}{\Delta z}$$

$$= \lim_{\Delta x \to 0, \Delta y \to 0} \frac{u(x+\Delta x, y+\Delta y)+iv(x+\Delta x, y+\Delta y)-u(x,y)-iv(x,y)}{\Delta x+i\Delta y}$$

$$= \lim_{\Delta x \to 0, \Delta y \to 0} \frac{u(x+\Delta x, y+\Delta y)-u(x,y)}{\Delta x+i\Delta y}$$

$$+ i \lim_{\Delta x \to 0, \Delta y \to 0} \frac{v(x+\Delta x, y+\Delta y)-v(x,y)}{\Delta x+i\Delta y} \tag{2.14}$$

となる. ここで $\Delta z \to 0$ の極限のとりかたとして, 次の 2 つの場合を調べてみよう.

(1) Δz が実軸にそって 0 になるときには, $\Delta y=0$ だから $\Delta z=\Delta x$ となり, (2.14)は

$$f'(z) = \lim_{\Delta x \to 0} \frac{u(x+\Delta x, y)-u(x,y)}{\Delta x} + i \lim_{\Delta x \to 0} \frac{v(x+\Delta x, y)-v(x,y)}{\Delta x}$$

$$= \frac{\partial u}{\partial x} + i \frac{\partial v}{\partial x} \tag{2.15}$$

となる. 一方

(2) Δz が虚軸にそって 0 になるときには, $\Delta x=0$ だから $\Delta z=i\Delta y$ となり, (2.14)は

$$f'(z) = \lim_{\Delta y \to 0} \frac{u(x, y+\Delta y)-u(x,y)}{i\Delta y} + i \lim_{\Delta y \to 0} \frac{v(x, y+\Delta y)-v(x,y)}{i\Delta y}$$

$$= -i \frac{\partial u}{\partial y} + \frac{\partial v}{\partial y} \tag{2.16}$$

となる.

ゆえに(2.14)は, $\Delta z \to 0$ の極限のとりかたによって, 異なる表式を与える. ところで, $f(z)$ が微分可能であるときは, これらは一致するから, 次の関係

$$f'(z) = \frac{\partial u}{\partial x} + i \frac{\partial v}{\partial x} = -i \frac{\partial u}{\partial y} + \frac{\partial v}{\partial y} \tag{2.17}$$

が成り立つ. したがって, 正則関数の実部 $u(x,y)$ と虚部 $v(x,y)$ は次の関係式

$$\frac{\partial u}{\partial x} = \frac{\partial v}{\partial y}, \qquad \frac{\partial v}{\partial x} = -\frac{\partial u}{\partial y} \tag{2.18}$$

2-4 コーシー・リーマンの微分方程式 —— 33

を満たすことがわかる. これは $f(z)=u(x,y)+iv(x,y)$ が微分可能であるための必要条件であって, **コーシー・リーマン**(Cauchy-Riemann)**の微分方程式**と呼ばれる.

一方, 実変数 x,y の実関数 $u(x,y)$, $v(x,y)$ が与えられたとき, その偏導関数が連続で, かつ u,v がコーシー・リーマンの微分方程式をみたすならば, 複素関数 $f(z)=u(x,y)+iv(x,y)$ は微分可能であること, すなわち正則であることが証明される. この結果, 複素関数の微分可能性について, 次の定理

> 複素関数 $f(z)=u(x,y)+iv(x,y)$ が与えられたとき, これが微分可能であるための必要十分条件は, $u(x,y)$, $v(x,y)$ の偏導関数が連続で, かつ u,v がコーシー・リーマンの微分方程式をみたすことである.

が成り立つ.

例題 2.6 正則関数 $f(z)=z^2+3z$ について

(1) $f'(z)$ を求めよ.

(2) 実部 $u(x,y)$, 虚部 $v(x,y)$ を求めよ.

(3) コーシー・リーマンの微分方程式が成りたつことを確かめよ.

[解] (1) $f'(z)=2z+3$.

(2) $f(z)=z^2+3z=(x^2-y^2+3x)+i(2xy+3y)$ より, $u(x,y)=x^2-y^2+3x$, $v(x,y)=2xy+3y$ となる.

(3) $\dfrac{\partial u}{\partial x}=2x+3$, $\dfrac{\partial u}{\partial y}=-2y$, $\dfrac{\partial v}{\partial x}=2y$, $\dfrac{\partial v}{\partial y}=2x+3$. したがって, コーシー・リーマンの微分方程式が成りたつ. ▌

前節では, z の関数 $f(z)$ は, 特異点を除いて微分可能であることを示した. ここでは逆に, 微分可能な関数は z だけの関数であることを示そう. そのために, 連続な偏導関数をもつ2つの実関数 $u(x,y)$ と $v(x,y)$ からなる複素関数 $g(x,y)=u(x,y)+iv(x,y)$ を考える. $g(x,y)$ は実変数 x,y の関数であるが, これを複素変数の関数とみなおすために, $z=x+iy$, $\bar{z}=x-iy$ で複素変数 $z,\bar{z}$ を導入すれば, x,y は z と $\bar{z}$ を使って

34 —— **2** 複素関数とその微分

$$x = \frac{z+\bar{z}}{2}, \quad y = \frac{z-\bar{z}}{2i} \tag{2.19}$$

と表わされる. これを $g(x, y)$ に代入すれば, z と $\bar{z}$ の関数 $g\left(\dfrac{z+\bar{z}}{2}, \dfrac{z-\bar{z}}{2i}\right)$ が得られる. これをあらためて $f(z, \bar{z})$ で表わすことにしよう. ところで, z と $\bar{z}$ は互いに複素共役な変数であるが, これを形式的に独立変数とみて $f(z, \bar{z})$ を $\bar{z}$ で偏微分する. このとき

$$\frac{\partial}{\partial \bar{z}} = \frac{\partial x}{\partial \bar{z}}\frac{\partial}{\partial x} + \frac{\partial y}{\partial \bar{z}}\frac{\partial}{\partial y} = \frac{1}{2}\left(\frac{\partial}{\partial x} + i\frac{\partial}{\partial y}\right)$$

が成り立つから, 次の等式

$$\begin{aligned}
\frac{\partial f(z, \bar{z})}{\partial \bar{z}} &= \frac{1}{2}\left(\frac{\partial u}{\partial x} + i\frac{\partial u}{\partial y}\right) + \frac{i}{2}\left(\frac{\partial v}{\partial x} + i\frac{\partial v}{\partial y}\right) \\
&= \frac{1}{2}\left(\frac{\partial u}{\partial x} - \frac{\partial v}{\partial y}\right) + \frac{i}{2}\left(\frac{\partial u}{\partial y} + \frac{\partial v}{\partial x}\right)
\end{aligned} \tag{2.20}$$

が得られる.

ここで与えられた実関数 $u(x, y)$, $v(x, y)$ が, コーシー・リーマンの微分方程式をみたすならば, (2.20) は

$$\frac{\partial f(z, \bar{z})}{\partial \bar{z}} = 0 \tag{2.21}$$

となり, $f(z, \bar{z})$ は $\bar{z}$ によらないことになる.

この結果次のことがわかる. すなわち, 連続な偏導関数をもつ2つの実関数 $u(x, y)$, $v(x, y)$ を使って, 複素関数 $f(x, y) = u(x, y) + iv(x, y)$ を定義したとき, $f(x, y)$ は一般には z と $\bar{z}$ の関数であるが, 特に u と v がコーシー・リーマンの微分方程式をみたすとき, f は z の正則関数であり, また $\bar{z}$ によらない.

これまで複素関数を $w = f(z)$ または $w = g(z)$ などと表わし, f, g を z だけの関数として取り扱ってきたが, 正則関数を考える限りこれは妥当なものであることがこれで納得されるものと思う.

ラプラスの方程式と調和関数

コーシー・リーマンの微分方程式から

$$\frac{\partial^2 u}{\partial x^2} = \frac{\partial^2 v}{\partial x \partial y}, \quad \frac{\partial^2 u}{\partial y^2} = -\frac{\partial^2 v}{\partial y \partial x}$$

$$\frac{\partial^2 v}{\partial x^2} = -\frac{\partial^2 u}{\partial x \partial y}, \qquad \frac{\partial^2 v}{\partial y^2} = \frac{\partial^2 u}{\partial y \partial x}$$

となり，u と v はそれぞれ次の2階偏微分方程式

$$\frac{\partial^2 u}{\partial x^2} + \frac{\partial^2 u}{\partial y^2} = 0, \qquad \frac{\partial^2 v}{\partial x^2} + \frac{\partial^2 v}{\partial y^2} = 0 \qquad (2.22)$$

をみたすことがわかる.

　上の偏微分方程式は(2次元の)**ラプラス (Laplace)方程式**と呼ばれ，その**解**を**調和関数**と呼ぶ．この結果，正則関数の実部と虚部は，互いにコーシー・リーマンの微分方程式で結ばれる2つの調和関数であることがわかる．このような関係にある調和関数を，互いに**共役な調和関数**とよぶ．したがって正則関数の実部と虚部は，互いに共役な調和関数である.

　理工学の分野における重要な課題の1つに，重力ポテンシャル，静電ポテンシャル，流体力学における速度ポテンシャルなどのポテンシャル(potential) $V(x, y, z)$ を求める問題がある(x, y, z は3次元空間の座標，ここでは z は複素数ではない)．これはポテンシャル問題と呼ばれ，V が z 座標に依存しないときは，次のラプラスの方程式

$$\left(\frac{\partial^2}{\partial x^2} + \frac{\partial^2}{\partial y^2} \right) V(x, y) = 0 \qquad (2.23)$$

の解で，与えられた境界条件をみたす調和関数 $V(x, y)$ を求める問題となる.

　上の議論から，この場合のポテンシャル問題は，与えられた条件を満たす正則関数の実部または虚部を求める問題に等しいことがわかる．このことからポテンシャル問題が，正則関数と密接な関係をもつことが推測されるであろう.

━━━━━━━━━━━━━━━━━━━━ 問　題 2-4 ━━━━━━━━━━━━━━━━━━━━

1. (1) 関数 $u(x, y) = e^x \cos y$ は，ラプラス方程式をみたすことを示せ.

　　(2) u に共役な調和関数 $v(x, y)$ を求めよ.

　　(3) $f(z) = u(x, y) + iv(x, y)$, $z = x + iy$ とおいたとき，$f(z)$ を求めよ.

36 —— **2** 複素関数とその微分

第 2 章 演習問題

[1] $f(z)=z^n$ は，領域 $|z|<\infty$ でいたるところ連続であることを示せ．したがって z の多項式も，同じ領域で連続であることがわかる．ただし n は正の整数とする．

[2] 次の複素関数

$$w = \frac{\alpha z+\beta}{\gamma z+\delta} \quad \left(\alpha\delta-\beta\gamma\neq0,\ z\neq-\frac{\delta}{\gamma}\right)$$

を考える．ただし $\alpha\delta-\beta\gamma=0$ のとき，w は定数となるのでこの場合は除外する．これを **1次分数変換**または**メービウス(Möbius)変換**という．

  (1) この変換で z 平面の異なる点は，w 平面の異なる点に対応する(1対1対応)ことを示せ．

  (2) $\beta=-\bar{\alpha}, \delta=-\bar{\gamma}$ のとき，z 平面の原点を中心とする単位円 C は，w 平面の実軸に対応することを示せ．また $\mathrm{Im}\dfrac{\alpha}{\gamma}<0$ のとき，単位円の内部の点 $z\,(|z|<1)$ は，w 平面の上半面の点 $w\,(\mathrm{Im}\,w>0)$ に対応することを示せ．

[3] $z=re^{i\theta}=r(\cos\theta+i\sin\theta)$ とおいたとき，

  (1) コーシー・リーマンの微分方程式は

$$\frac{\partial u}{\partial r}=\frac{1}{r}\frac{\partial v}{\partial\theta},\qquad \frac{\partial v}{\partial r}=-\frac{1}{r}\frac{\partial u}{\partial\theta}\quad(r\neq0)$$

となることを示せ．

  (2) 正則関数の実部 $u(r,\theta)$，虚部 $v(r,\theta)$ は，次のラプラス方程式

$$\frac{\partial^2 u}{\partial r^2}+\frac{1}{r}\frac{\partial u}{\partial r}+\frac{1}{r^2}\frac{\partial^2 u}{\partial\theta^2}=0,\qquad \frac{\partial^2 v}{\partial r^2}+\frac{1}{r}\frac{\partial v}{\partial r}+\frac{1}{r^2}\frac{\partial^2 v}{\partial\theta^2}=0$$

をみたすことを示せ．

[4] 正則関数 $f(z)=u(x,y)+iv(x,y)$ の実部 $u(x,y)$ が

$$u(x,y)=x^3+3x^2y+axy^2+by^3$$

で与えられるとき，実定数 a,b の値を求めよ．また u に共役な調和関数 $v(x,y)$ と u,v からなる複素関数 $f(z)$ を求めよ．

[5] $f(z)$ が正則で，かつ (1) $f'(z)=0$，または (2) $|f(z)|=c$ (定数)のとき，$f(z)$ は定数であることを示せ．

Coffee Break

アーベルとガロア

フェラリーによって4次の代数方程式の根の公式が得られてからは，さらに5次方程式の根の公式を求める問題に多くの数学者が挑戦した．しかし彼らの努力はいずれも失敗に終わり，誰も目的を果たせないままで300年の月日が過ぎ去った．

この問題に決定的な解答を与えたのが，ノルウェー生れの若き数学者アーベルである．1824年に発表された彼の論文の中で「一般の5次方程式は代数的には（すなわち，その係数に加減乗除と累乗根を施すだけでは）解けない」ことが証明された．彼はこの論文を当時数学界の大御所であったガウスに送ったが，ガウスの誤解により彼が期待していた評価は得られなかった．その後，楕円関数に関する画期的な論文を書き上げ，それをパリのアカデミーに提出するが，そこでも審査委員は論文に目を通すこともなく忘れ去ってしまった．度重なる不運による失望と貧困からの栄養失調により，偉大な業績を十分に評価されないまま，アーベルは1829年婚約者ケンプに見取られながら，26歳の短い生涯を閉じたのである．

アーベルよりすこしおくれて，ガロア（フランス）は，一般の代数方程式がその係数に加減乗除と累乗根を施すだけで解けるための条件を調べた．彼は2度パリのアカデミーに論文を提出しているが，2度ともアカデミーが論文を失うという不運にみまわれる．さらにエコール・ノルマール在学中に政治問題で投獄され，釈放後1カ月余りで今度は決闘事件にまきこまれて21歳の短い命を落とすことになる．決闘の前日，時間を気にしながら書きあげた彼の遺稿が後に発見され，ガロアの理論はその真の価値が評価されることになるのである．

3

いろいろな正則
関数とその性質

理工学の各分野で重要な役割を果たす複素変数の指数関数・三角関数・双曲線関数を定義する．これらの関数は，実軸上では，それぞれ実関数の指数関数・三角関数・双曲線関数に一致する．一方，実軸を離れて複素平面上でみれば，それが相互に独立なものではなくて，たがいに関連した関数であることが示される．このことから，実軸上というフィルターをかけて見れば別々に見える関数も，そのフィルターをはずして見直せば，1つの複素関数がさまざまの姿で見えていたにすぎないことに気がつくであろう．

40 —— **3** いろいろな正則関数とその性質

3-1 多項式と有理関数

多 項 式

最も簡単な正則関数は，$f(z)=z$ で，その導関数は 1 である．正則関数に定数をかけたものはまた正則関数であり，さらに 2 つの正則関数の和，差，積からつくられる関数も正則関数であるから，z の任意の多項式

$$P(z) = \alpha_0 + \alpha_1 z + \alpha_2 z^2 + \cdots + \alpha_n z^n \tag{3.1}$$

は，正則関数である．ただし (3.1) で n は正の整数であり，$\alpha_n \neq 0$ とする．このとき $P(z)$ を **n 次の多項式** (polynomial) と呼び，その導関数 $P'(z)$ は

$$P'(z) = \alpha_1 + 2\alpha_2 z + \cdots + n\alpha_n z^{n-1} \tag{3.2}$$

で与えられる．

代数学の基本定理 (5-3 節) によれば，方程式 $P(z)=0$ は少なくとも 1 つの解をもつ．この解を ξ_1 とおけば $P(\xi_1)=0$ より，$P(z)$ は

$$P(z) = (z - \xi_1) P_1(z) \tag{3.3}$$

と表わされる．ここで $P_1(z)$ は $n-1$ 次の多項式である．同様にして，$P_1(z)$ も少なくとも 1 つの解 ξ_2 をもつので，$P_1(z)=(z-\xi_2)P_2(z)$ とかける．ここで $P_2(z)$ は $n-2$ 次の多項式である．$P_1(z)$ の表式を (3.3) に代入すれば，$P(z)$ は，$P(z)=(z-\xi_1)(z-\xi_2)P_2(z)$ と書けることがわかる．これを繰り返すことによって，$P(z)$ は完全に因数分解できて

$$P(z) = \alpha_n (z - \xi_1)(z - \xi_2) \cdots (z - \xi_n)$$

と書ける．したがって $P(z)=0$ は n 個の解 $\xi_1, \xi_2, \cdots, \xi_n$ をもつことがわかる．

$P(z)$ が多重根をもつ場合は，上式は次のように書き直すことができる．

$$P(z) = \alpha_n (z - \xi_1)^{n_1} (z - \xi_2)^{n_2} \cdots (z - \xi_k)^{n_k} \tag{3.4}$$

ここで $n_1, n_2, \cdots, n_k$ は，根の多重度を表わすものとする．$P(z)$ が n 次の多項式ならば，根の多重度を加えれば多項式の次数に等しいから，$n = n_1 + n_2 + \cdots + n_k$ が成り立つ．たとえば次の多項式

$$P(z) = \alpha (z-1)^2 (z+1)(z-2i)^3$$

を考えれば, 与えられた式は 6 次の多項式で $z=1$ に 2 重根, $z=-1$ に単根, $z=2i$ に 3 重根をもつ.

複素関数 $f(z)$ が与えられたとき, $f(z)=0$ をみたす点 z を $f(z)$ の**零点**と呼ぶ. 特に $z=\xi$ が, 方程式 $f(z)=0$ の k 重根であるとき, この点を $f(z)$ の **k 位の零点**と呼ぶ. したがって (3.4) で与えられた多項式 $P(z)$ は, $z=\xi_1, \xi_2, \cdots, \xi_k$ でそれぞれ n_1 位, n_2 位, $\cdots$, n_k 位の零点をもつことになる.

有理関数

2 つの多項式 $P(z)$, $Q(z)$

$$P(z) = \alpha_0 + \alpha_1 z + \cdots + \alpha_n z^n \qquad (\alpha_n \neq 0, \quad \beta_m \neq 0)$$
$$Q(z) = \beta_0 + \beta_1 z + \cdots + \beta_m z^m$$

を使って, 次のように定義された関数 $R(z)$

$$R(z) = \frac{P(z)}{Q(z)} = \frac{\alpha_0 + \alpha_1 z + \cdots + \alpha_n z^n}{\beta_0 + \beta_1 z + \cdots + \beta_m z^m} \tag{3.5}$$

を z の**有理関数** (rational function) と呼ぶ.

すでに述べたように, 多項式 $P(z)$, $Q(z)$ は, 正則関数でかつ零点をもつ. これらの零点をそれぞれ $\xi_1, \xi_2, \cdots, \xi_k$; $\eta_1, \eta_2, \cdots, \eta_l$, またその位数を $n_1, n_2, \cdots, n_k$; $m_1, m_2, \cdots, m_l$ とすれば, $P(z)$, $Q(z)$ は (3.4) と同じように因数分解できるから, $R(z)$ は

$$R(z) = \frac{\alpha_n (z-\xi_1)^{n_1} (z-\xi_2)^{n_2} \cdots (z-\xi_k)^{n_k}}{\beta_m (z-\eta_1)^{m_1} (z-\eta_2)^{m_2} \cdots (z-\eta_l)^{m_l}} \tag{3.6}$$

と表わされる. ここで $P(z)$, $Q(z)$ は共通の零点をもたないものとする. すなわち ξ_i, η_j については, $\xi_i \neq \eta_j$ $(i=1, 2, \cdots, k; \ j=1, 2, \cdots, l)$ が成り立つ.

さて (3.6) からわかるように, 点 $\xi_1, \xi_2, \cdots, \xi_k$ は, $P(z)$ の零点であると同時に有理関数 $R(z)$ の零点でもある. 一方, 点 $\eta_1, \eta_2, \cdots, \eta_l$ では分母が零になるから, $R(z)$ はこれらの点を除いて定義されることに注意しよう. したがって, $z=\eta_j$ $(j=1, 2, \cdots, l)$ は, $R(z)$ の特異点となる. 特異点 $z=\eta_j$ が $Q(z)$ の k 位の零点であるとき, この点を $R(z)$ の **k 位の極** (pole) という.

ここで $R(z)$ の各特異点 $z=\eta_j$ で, 次の関数 $g_j(z)=(z-\eta_j)^{m_j}R(z)$ を考えれば,

42 ——— **3** いろいろな正則関数とその性質

$(z-\eta_j)^{m_j}$ は分子と分母で消し合うから，$g_j(z)$ は $z=\eta_j$ で零以外の極限値をもつ．一般に，複素関数 $f(z)$ がある点 $z=z_0$ で特異点をもつとき，関数 $g(z)=(z-z_0)^k f(z)$ が，$z=z_0$ で零以外の極限値をもつように正の整数 k をとれるとき，$f(z)$ は $z=z_0$ で k 位の極をもつ．特に1位の極は，**単純極**(simple pole)と呼ばれる．これに対してどんな正の整数 k をとっても，$(z-z_0)^k f(z)$ が $z=z_0$ で正則にならないとき，z_0 を $f(z)$ の**真性特異点**(essential singularity)と呼ぶ．

上の考察から (3.6) の有理関数 $R(z)$ は，n_i 位の零点 $\xi_i\,(i=1,2,\cdots,k)$ と m_j 位の極 $\eta_j\,(j=1,2,\cdots,l)$ をもち，極を除いて正則であることがわかる．

━━━━━━━━━━━━━━━ **問 題 3-1** ━━━━━━━━━━━━━━━

1. 次の関数の，$|z|<\infty$ なる領域における零点と極を求めよ．

(1) $z+\dfrac{1}{z}$ (2) $\dfrac{z}{z^2+1}$ (3) $\dfrac{z^3-z^2}{z^2+1}$ (4) $\dfrac{z^2}{z^3-z^2-z+1}$

3-2 指 数 関 数

複素変数 z の**指数関数** e^z を，次式で定義する．

$$e^z = e^x(\cos y + i\sin y) \tag{3.7}$$

ただし $z=x+iy$．e^z の実部 $u=e^x\cos y$，虚部 $v=e^x\sin y$ の偏導関数は

$$\frac{\partial u}{\partial x} = e^x\cos y, \qquad \frac{\partial u}{\partial y} = -e^x\sin y$$

$$\frac{\partial v}{\partial x} = e^x\sin y, \qquad \frac{\partial v}{\partial y} = e^x\cos y \tag{3.8}$$

となるから，これは連続でかつコーシー・リーマンの微分方程式をみたす．よって指数関数 e^z はいたるところ正則で，その導関数は

$$\frac{de^z}{dz} = e^z \tag{3.9}$$

で与えられることがわかる.

さて(3.7)で $x=0$ とおけば, $z=iy$, $e^0=1$ より, $e^{iy}=\cos y+i\sin y$ となり, これはオイラーの公式にほかならない. すなわち指数関数は, その特別な場合として, オイラーの公式を含む. したがって, 複素数の指数関数は

$$e^z = e^x(\cos y+i\sin y) = e^x e^{iy} \tag{3.10}$$

と書き直すことができる.

例題 3.1 $\dfrac{de^z}{dz}=e^z$ を示せ.

[解] $\dfrac{de^z}{dz} = \dfrac{\partial u}{\partial x}+i\dfrac{\partial v}{\partial x} = e^x\cos y+ie^x\sin y = e^z$ ∎

e^z の基本公式

実指数関数の性質と(1.38)から, e^z は次の性質をもつことが示される.

$$\begin{array}{llll}
(1) & e^{z_1}e^{z_2} = e^{z_1+z_2} & (2) & (e^z)^{-1} = e^{-z} \\
(3) & |e^z| = e^x & (4) & e^{z+2k\pi i} = e^z \quad (k=0, \pm 1, \cdots)
\end{array} \tag{3.11}$$

指数関数 e^z の絶対値は e^x で与えられるから, それは零になることはない. したがって, e^z は零点をもたないことに注意しよう.

ところで関数 $w=f(z)$ が, 次の性質

$$f(z) = f(z\pm\alpha) \quad \text{したがって} \quad f(z) = f(z\pm k\alpha) \tag{3.12}$$

ただし $k=0, 1, 2, \cdots$, をもつとき, $f(z)$ を**周期 $\boldsymbol{\alpha}$ の周期関数**という. (3.11)の公式(4)から, 指数関数 e^z は周期 $2\pi i$ の周期関数であることがわかる.

指数関数 e^z の定義式(3.7)で, 変数 z が実数のとき($z=x$, $y=0$), e^z は実変数の指数関数 e^x に一致する. また(3.11)の(1)と(2)からわかるように, 指数関数の積, 商の公式は e^x の積, 商の公式に等しい. このことから定義式(3.7)は, 実変数指数関数の自然な拡張になっていることがわかる. また積の公式(1)は任意の複素数に対して成り立つから, そこで $z_1=x$, $z_2=iy$ とおけば, $e^z=e^x e^{iy}=e^{x+iy}$ となり, (3.7)で定義した関数は, 実は複素変数 $z=x+iy$ の関数として表わされるのである. 複素変数 z の指数関数を, (3.7)で定義した理由がこれで納得できるであろう.

44 ——— **3** いろいろな正則関数とその性質

||||||||||||||||||||||||||||||||||||||||||||||||||||||||||| **問 題 3-2** |||||||||||||||||||||||||||||||||||||||||||||||||||||||||

1. $z=x+iy$ のとき，e^{iz} の実部と虚部を求めよ．また，$\dfrac{de^{iz}}{dz}=ie^{iz}$ となることを示せ．

|||||||||||||||||||||||||||||||||||||||||||||||||||||||||||||||||||||||||||||||||||||||||||||||||||||||||||||||||||

3-3 三角関数と双曲線関数

θ が実変数のとき，$\cos\theta$，$\sin\theta$ は，

$$\cos\theta = \frac{1}{2}(e^{i\theta}+e^{-i\theta}), \quad \sin\theta = \frac{1}{2i}(e^{i\theta}-e^{-i\theta}) \tag{3.13}$$

と表わされることは，すでに述べたところである(式(1.38)参照)．これを拡張して複素変数 z の**三角関数**を，指数関数を用いて

$$\cos z = \frac{1}{2}(e^{iz}+e^{-iz}), \quad \sin z = \frac{1}{2i}(e^{iz}-e^{-iz}) \tag{3.14}$$

で定義する．またその他の三角関数は $\cos z$, $\sin z$ から次のように定義される．

$$\tan z = \frac{\sin z}{\cos z}, \quad \cot z = \frac{\cos z}{\sin z}$$

$$\sec z = \frac{1}{\cos z}, \quad \operatorname{cosec} z = \frac{1}{\sin z} \tag{3.15}$$

すぐ後でみるように，$\cos z$, $\sin z$ は零点をもつから，(3.15)は分母が零になる点を除いて定義されることに注意したい．

正則関数の和と差で定義される関数はまた正則だから，(3.14)で定義された $\cos z$, $\sin z$ もいたるところ正則である．同様にして $\tan z$, $\cot z$, $\sec z$, $\operatorname{cosec} z$ も分母が零になる点を除いて正則である．

三角関数の導関数は，次式で与えられる．

$$\frac{d\cos z}{dz} = -\sin z, \qquad \frac{d\sin z}{dz} = \cos z$$

$$\frac{d\tan z}{dz} = \sec^2 z, \qquad \frac{d\cot z}{dz} = -\operatorname{cosec}^2 z \tag{3.16}$$

3-3 三角関数と双曲線関数 —— 45

$$\frac{d \sec z}{dz} = \sec z \tan z, \qquad \frac{d \operatorname{cosec} z}{dz} = -\operatorname{cosec} z \cot z$$

また (3.14) から $\sin z$, $\cos z$ は次の性質をもつ.

三角関数の基本公式

(1) 和の公式

$$\sin(z_1 \pm z_2) = \sin z_1 \cos z_2 \pm \cos z_1 \sin z_2$$
$$\cos(z_1 \pm z_2) = \cos z_1 \cos z_2 \mp \sin z_1 \sin z_2 \tag{3.17}$$

(2) $\sin^2 z + \cos^2 z = 1$ (3.18)

(3) $\cos z = \cos(-z), \qquad \sin z = -\sin(-z)$ (3.19)

(4) $\sin z$, $\cos z$ は，周期 2π の周期関数である.

(5) $\sin z$, $\cos z$ は，それぞれ $z = k\pi$, $z = \left(k + \dfrac{1}{2}\right)\pi$ で零点をもつ. ただし $k = 0, \pm 1, \pm 2, \cdots$.

三角関数と同じように**双曲線関数** $\sinh z$, $\cosh z$ を，指数関数の 1 次結合

$$\sinh z = \frac{1}{2}(e^z - e^{-z}), \qquad \cosh z = \frac{1}{2}(e^z + e^{-z}) \tag{3.20}$$

で定義する. またその他の双曲線関数は

$$\begin{aligned}
\tanh z &= \frac{\sinh z}{\cosh z}, \qquad \coth z = \frac{\cosh z}{\sinh z} \\
\operatorname{sech} z &= \frac{1}{\cosh z}, \qquad \operatorname{cosech} z = \frac{1}{\sinh z}
\end{aligned} \tag{3.21}$$

で定義される. ただし $\cosh z$, $\sinh z$ は零点をもつから，(3.21) の関数は分母が零になる点を除いて定義される.

例題 3.2 三角関数と双曲線関数の間に，次の関係が成り立つことを示せ.

$$\begin{aligned}
\sin(iz) &= i \sinh z, \qquad \cos(iz) = \cosh z \\
\sinh(iz) &= i \sin z, \qquad \cosh(iz) = \cos z
\end{aligned} \tag{3.22}$$

[解] $\sin(iz) = \dfrac{e^{i(iz)} - e^{-i(iz)}}{2i} = \dfrac{e^{-z} - e^z}{2i} = i \sinh z$

$\cos(iz) = \dfrac{e^{i(iz)} + e^{-i(iz)}}{2} = \dfrac{e^{-z} + e^z}{2} = \cosh z$

46 —— **3** いろいろな正則関数とその性質

同様にして，その他の関係式も証明できる．∎

この結果，複素変数 z の三角関数と双曲線関数は，別々の関数ではなくて互いに (3.22) で結びついていることがわかる．

双曲線関数の基本公式

(1) $\sinh(z_1 \pm z_2) = \sinh z_1 \cosh z_2 \pm \cosh z_1 \sinh z_2$

$\cosh(z_1 \pm z_2) = \cosh z_1 \cosh z_2 \pm \sinh z_1 \sinh z_2$ (3.23)

(2) $\cosh^2 z - \sinh^2 z = 1$ (3.24)

(3) $\sinh(-z) = -\sinh z, \qquad \cosh(-z) = \cosh z$ (3.25)

(4) $\sinh z, \cosh z$ は，それぞれ $z = k\pi i, \ z = \left(k + \dfrac{1}{2}\right)\pi i$ で零点をもつ．ただし $k = 0, \pm 1, \pm 2, \cdots$. (3.26)

(5) $\dfrac{d}{dz}\cosh z = \sinh z, \qquad \dfrac{d}{dz}\sinh z = \cosh z$

$\dfrac{d}{dz}\tanh z = \operatorname{sech}^2 z, \qquad \dfrac{d}{dz}\coth z = -\operatorname{cosech}^2 z$ (3.27)

━━━━━━━━━━━━━━━━━ 問　題 3-3 ━━━━━━━━━━━━━━━━━

1. $\cos z, \sin z$ の実部，虚部を求めよ．

2. $|\cos i| > 1$ を示せ．この結果から，複素変数 z に対しては，不等式 $|\cos z| < 1$, $|\sin z| < 1$ は必ずしも成り立たないことがわかる．

━━━

3-4　ド・ロピタルの公式

複素関数 $f(z)$ は，領域 D で正則な関数 $g(z), h(z)$ を使って

$$f(z) = \frac{h(z)}{g(z)} \tag{3.28}$$

で表わされるものとする．$h(z), g(z)$ が $z = z_0$ で，$h(z_0) = 0, g(z_0) = 0$ となるとき，$f(z)$ は $z = z_0$ では定義されない．さらにこの点における $f(z)$ の極限値

$$\lim_{z \to z_0} f(z) = \lim_{z \to z_0} \frac{h(z)}{g(z)} \tag{3.29}$$

は，形式的には $\dfrac{0}{0}$ となりその値が求まらない．このような形を**不定形**という．ここでは不定形の極限値の求め方を調べることにしよう．

(2.13)でみたように，$h(z)$, $g(z)$ が $z = z_0$ で微分可能ならば，z_0 の近くの1点 $z_0 + \Delta z$ で，$h(z_0 + \Delta z)$, $g(z_0 + \Delta z)$ は

$$h(z_0 + \Delta z) = h(z_0) + h'(z_0)\Delta z + \delta_1(z_0, \Delta z)$$
$$g(z_0 + \Delta z) = g(z_0) + g'(z_0)\Delta z + \delta_2(z_0, \Delta z) \tag{3.30}$$

で与えられる．ここで δ_1, δ_2 は，0 または Δz の2次以上を含む項を表わす．したがって

$$\lim_{\Delta z \to 0} \frac{\delta_1(z_0, \Delta z)}{\Delta z} = 0, \qquad \lim_{\Delta z \to 0} \frac{\delta_2(z_0, \Delta z)}{\Delta z} = 0 \tag{3.31}$$

が成り立つ．ところで $h(z)$, $g(z)$ が $z = z_0$ で $h(z_0) = 0$, $g(z_0) = 0$ ならば，(3.30)により $h(z_0 + \Delta z)$, $g(z_0 + \Delta z)$ は

$$h(z_0 + \Delta z) = h'(z_0)\Delta z + \delta_1(z_0, \Delta z)$$
$$g(z_0 + \Delta z) = g'(z_0)\Delta z + \delta_2(z_0, \Delta z)$$

となるから，これを(3.29)に代入すれば

$$\lim_{z \to z_0} f(z) = \lim_{\Delta z \to 0} f(z_0 + \Delta z) = \lim_{\Delta z \to 0} \frac{h'(z_0) + \dfrac{\delta_1(z_0, \Delta z)}{\Delta z}}{g'(z_0) + \dfrac{\delta_2(z_0, \Delta z)}{\Delta z}}$$

となる．ここで(3.31)を代入すれば公式

$$\lim_{z \to z_0} f(z) = \frac{h'(z_0)}{g'(z_0)} \tag{3.32}$$

が得られる．

これを**ド・ロピタル** (de l'Hospital) **の公式**と呼び，不定形の極限値を求めるときによく使われる公式である．

さて $g'(z_0) = 0$, $h'(z_0) = 0$ ならば，(3.32)は再び不定形になる．この場合 $g'(z)$, $h'(z)$ に対して，上の手続きを繰り返せば

48 —— **3** いろいろな正則関数とその性質

$$\lim_{z \to z_0} \frac{h(z)}{g(z)} = \lim_{z \to z_0} \frac{h'(z)}{g'(z)} = \frac{h''(z_0)}{g''(z_0)} \tag{3.33}$$

が成り立つことがわかる. ここで $h''(z)$, $g''(z)$ はそれぞれ, h', g' の微分すなわち h, g の2階微分を表わす. (3.33)が再び不定形であるときは, 分母が零以外の値をとるまで, これを繰り返すことによって, $h(z)/g(z)$ の $z=z_0$ における極限値を求めることができる.

例題3.3 $\tan z$, $\cot z$ はそれぞれ, $z=\left(k+\dfrac{1}{2}\right)\pi$, $z=k\pi$ で, 1位の極をもつことを示せ. ただし $k=0, \pm1, \pm2, \cdots$.

[解] $\cos z$, $\sin z$ はそれぞれ, $z=\left(k+\dfrac{1}{2}\right)\pi$, $z=k\pi$ で零点をもつから, $\tan z$ は $z=\left(k+\dfrac{1}{2}\right)\pi$, $\cot z$ は $z=k\pi$ で, 特異点をもつ. $z=\left(k+\dfrac{1}{2}\right)\pi$ で, 次の関数 $g(z)$

$$g(z) = \left\{z-\left(k+\frac{1}{2}\right)\pi\right\}\tan z = \frac{z-\left(k+\dfrac{1}{2}\right)\pi}{\cos z}\sin z$$

を考えれば, $g(z)$ は $z=\left(k+\dfrac{1}{2}\right)\pi$ で不定形になる. ここでド・ロピタルの公式をつかえば, $g(z)$ はこの点で極限値 -1 をもつことがわかる. したがって, $z=\left(k+\dfrac{1}{2}\right)\pi$ は, $\tan z$ の1位の極である(42ページ参照). 同じようにして, $z=k\pi$ は, $\cot z$ の1位の極であることが示される. ▮

━━━━━━━━━━━━━━━━━━ 問 題 3-4 ━━━━━━━━━━━━━━━━━━

1. 次の極限値を求めよ.

  (1) $\displaystyle\lim_{z \to i} \frac{z^2+1}{z-i}$ (2) $\displaystyle\lim_{z \to 0} \frac{\sin z}{z}$

  (3) $\displaystyle\lim_{z \to \pi/2} \frac{\cos z}{z-\pi/2}$ (4) $\displaystyle\lim_{z \to 0} \frac{1-\cos z}{z^2}$

第 3 章 演習問題

[1] 次の複素数の値を求めよ．

(1) $e^{i\pi/4}$ (2) $e^{(2+i\pi/2)}$ (3) $\sin(\pi+i)$

(4) $\cos(\pi+i)$ (5) $\sinh\dfrac{\pi}{4}i$ (6) $\cosh\dfrac{\pi}{6}i$

[2] 次の関数の実部 u と虚部 v を求めよ．

(1) $z+\dfrac{1}{z}$ (2) $z^2 e^{iz}$ (3) $\tan z$ (4) $\coth z$

[3] 次の式を証明せよ．

(1) $|\sin z|^2 = \sin^2 x + \sinh^2 y$ (2) $|\cos z|^2 = \cos^2 x + \sinh^2 y$

(3) $|\sinh z|^2 = \sinh^2 x + \sin^2 y$ (4) $|\cosh z|^2 = \sinh^2 x + \cos^2 y$

[4] $u = e^{xy}\cos\dfrac{x^2-y^2}{2}$ は調和関数であることを示せ．また $\operatorname{Re} f(z) = u(x,y)$ となる正則関数 $f(z)$ を求めよ．

[5] 次の式を証明せよ．

(1) $\overline{(e^z)} = e^{\bar{z}}$ (2) $\overline{(e^{iz})} = e^{-i\bar{z}}$

(3) $\overline{\sin z} = \sin \bar{z}$ (4) $\overline{\cos z} = \cos \bar{z}$

[6] 次の極限値を求めよ．

(1) $\displaystyle\lim_{z\to i}\dfrac{z-i}{z^2+1}$ (2) $\displaystyle\lim_{z\to 0}\dfrac{z-\sin z}{z^3}$

(3) $\displaystyle\lim_{z\to 0}\dfrac{1-e^z}{z}$ (4) $\displaystyle\lim_{z\to 3\pi i}\dfrac{z-3\pi i}{\sinh z}$

多元数とハミルトン

2次式 a^2+b^2 は，実数の範囲では因数分解できないが，複素数を使えば，$(a+bi)(a-bi)$ と因数分解できることは，本書の読者は直接計算で確かめられるであろう．しかし，次の2次式

$$a^2+b^2+c^2+d^2$$

は，複素数を用いても因数分解することは不可能である．

この2次式の因数分解に成功したのは，アイルランドが生んだ偉大な数学者であり物理学者でもあったハミルトンである．彼は公式

$$i^2=j^2=k^2=-1, \quad ij=-ji=k, \quad jk=-kj=i, \quad ki=-ik=j$$

を満たす数 i, j, k を導入し，これを用いて上の2次式が

$$a^2+b^2+c^2+d^2=(a+bi+cj+dk)(a-bi-cj-dk)$$

と因数分解できることを示した．これらの数は，1と i, j, k の4つの元からなる数という意味で4元数と呼ばれる．数をこのような見方でみれば，複素数は，1と i からなる2元数と考えられる．2元数，4元数のほかにさらに8元数の存在も知られている．これらの数をまとめて多元数と呼ぶ．4元数は物理的には，相対論的な量子力学の理論で重要な役割を果たしている．

10年にわたる長い思索の後に，遂にこの公式にたどりついたハミルトンは，嬉しさのあまりちょうど通りかかった橋げたにそれを刻みこんでその喜びを表わしたと言われている．彼は物理学でも解析力学の分野でハミルトン形式と呼ばれる理論の創始者として有名である．

最近，アイルランドでは，ハミルトンの功績を記念して，4元数をデザインした切手が発売され人気を呼んでいる．

複素関数の積分と
コーシーの積分定理

　コーシーは，実関数の定積分を統一的に扱うために，複素関数の積分を研究したといわれている．この点については次章で調べることにするが，その研究のなかから，今日コーシーの積分定理と呼ばれている，複素積分の基本定理が導かれたのである．この章では，複素積分をどのように定義するかを，詳しく調べることにしよう．続いて正則関数の積分では，コーシーの定理が成り立つことを示す．

4-1 複素積分

この節では，複素関数の積分(**複素積分**)を定義する．複素平面上に2点P, Qをとり，この2点を結ぶ曲線をCで表わせば，Cはパラメーターtを使って

$$z = z(t) = x(t) + iy(t) \qquad (t_1 \leq t \leq t_2) \tag{4.1}$$

で与えられる．ただし$z(t_1)$, $z(t_2)$はそれぞれ点P, Qに対応するものとする．

曲線Cを(4.1)で与えたとき，複素関数$f(z)$のCにそった積分Iを

$$I = \int_C f(z)dz = \int_{t_1}^{t_2} f(z(t)) \frac{dz}{dt} dt \tag{4.2}$$

で定義する．ここでCを複素積分の**積分路**と呼び，端点P, Qと，P, Qを結ぶ曲線とを同時に指定するものとする(図4-1)．

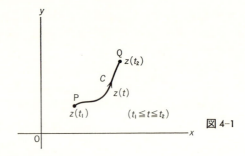

図4-1

例題4.1 複素平面上で

(1) 曲線C_1, C_2を，次の式で定義したとき，これらの曲線をz平面に図示せよ．

$$C_1: \quad z(t) = t + it^2 \qquad (0 \leq t \leq 1)$$
$$C_2: \quad z(t) = t \qquad (0 \leq t \leq 1)$$
$$ z(t) = 1 + i(t-1) \qquad (1 \leq t \leq 2)$$

(2) 次の複素積分を求めよ．

 (i) $\int_{C_1} z\,dz$ (ii) $\int_{C_2} z\,dz$

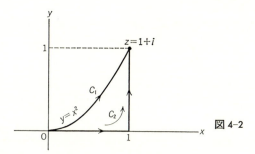
図 4-2

[解] (1) 図 4-2. C_1 では $z=x+iy$ とおくと $x=t$, $y=t^2$. したがって, $y=x^2$. これは放物線を表わす.

(2) (i) C_1 上では, $z(t)=t+it^2$, $dz/dt=1+2it$. したがって
$$\int_{C_1} z\,dz = \int_0^1 (t+it^2)(1+2it)dt = \int_0^1 (t+it^2+2it^2-2t^3)dt$$
$$= \frac{1}{2}+\frac{i}{3}+\frac{2}{3}i-\frac{1}{2} = i$$

(ii) C_2 上では, $0 \leq t \leq 1$ のとき $z(t)=t$, $dz/dt=1$, $1 \leq t \leq 2$ のとき $z(t)=1+i(t-1)$, $dz/dt=i$. したがって
$$\int_{C_2} z\,dz = \int_0^1 t\,dt + i\int_1^2 \{1+i(t-1)\}dt = \frac{1}{2}+i\left(1+\frac{i}{2}\right) = i \quad \blacksquare$$

複素積分の性質

複素積分は,次に述べる(I)から(VI)までの基本的な性質をもつ.

(I) $$\int_C \{\alpha f(z)+\beta g(z)\}dz = \alpha \int_C f(z)dz + \beta \int_C g(z)dz \qquad (4.3)$$
(α, β は任意の定数)

(II) ある曲線にそってPからQまで積分するときの積分路を C,同じ曲線を逆にたどってQからPまで積分するときの積分路を $-C$ で表わすことにすれば(図 4-3),次の関係が成り立つ.
$$\int_C f(z)dz = -\int_{-C} f(z)dz \qquad (4.4)$$

(III) 積分路 C が 2 つの積分路 C_1 と C_2 に分割できるとき(図 4-4),次の

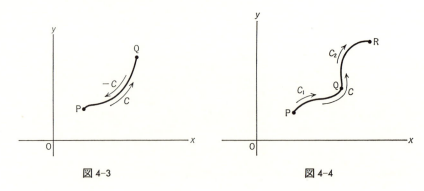

図 4-3　　　　　　　　　図 4-4

公式が成り立つ．

$$\int_C f(z)dz = \int_{C_1} f(z)dz + \int_{C_2} f(z)dz \qquad (4.5)$$

（Ⅳ）　曲線の端点が一致しているときに，この曲線は閉じているという．閉じている曲線を閉曲線と呼び，自分自身と交わらない閉曲線を単一閉曲線という．今後，閉曲線というときは，いちいち断らなくても単一閉曲線を指すものとする．閉曲線 C にそって1周する積分を特に**周回積分**と呼び，これを次のように表わす．

$$\oint_C f(z)dz \qquad (4.6)$$

周回積分は，積分の始点を閉曲線上のどこにとっても，その積分の値は変わらない．ただし閉曲線をまわる向きが逆になると，積分は符号を変える．そこで C が囲む領域を左にみながら1周するとき，これを正の向きにまわると呼ぶことにする（図 4-5）．

（Ⅴ）　閉曲線 C 上に任意の2点 P，Q をとり，これらを結ぶ曲線を Γ とすれば，C が囲む領域は Γ によって2つの領域に分けられる（図 4-6）．これらの領域を囲む閉曲線をそれぞれ C_1, C_2 としたとき，C_1, C_2 にそって，正の向きに1周する周回積分は

$$\oint_{C_1} f(z)dz = \int_{\overrightarrow{PQ}} f(z)dz + \int_{\overrightarrow{QRP}} f(z)dz$$

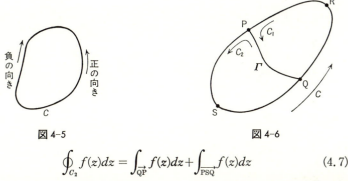

図 4-5　　　　　　　　　図 4-6

$$\oint_{C_2} f(z)dz = \int_{\overrightarrow{\mathrm{QP}}} f(z)dz + \int_{\overrightarrow{\mathrm{PSQ}}} f(z)dz \tag{4.7}$$

で表わされる．ここで $\overrightarrow{\mathrm{PQ}}$ は曲線 $\varGamma$ にそって点 P から Q まで，$\overrightarrow{\mathrm{QRP}}$ は曲線 C_1 にそって点 Q から R を通って P まで積分することを意味する．同様にして，$\overrightarrow{\mathrm{QP}}$，$\overrightarrow{\mathrm{PSQ}}$ もそれぞれ $\varGamma$ にそって点 Q から P まで，C_2 にそって点 P から S を通って Q まで積分することを意味している．このとき(4.4)により

$$\int_{\overrightarrow{\mathrm{PQ}}} f(z)dz + \int_{\overrightarrow{\mathrm{QP}}} f(z)dz = 0$$

が成り立つから

$$\oint_{C_1} f(z)dz + \oint_{C_2} f(z)dz = \int_{\overrightarrow{\mathrm{QRP}}} f(z)dz + \int_{\overrightarrow{\mathrm{PSQ}}} f(z)dz$$

となる．ところで上式の右辺は，もとの曲線 C にそっての周回積分に等しいから，次の公式

$$\oint_{C_1} f(z)dz + \oint_{C_2} f(z)dz = \oint_{C} f(z)dz \tag{4.8}$$

が得られる．この結果，周回積分は 2 つの周回積分の和で表わされることがわかる．

例題 4.2　次の周回積分を求めよ．ただし積分路 C は，点 $z=\alpha$ を中心とする半径 a の円周を正の向きに 1 周するものとする．

(1) $\oint_{C} dz$　　(2) $\oint_{C} (z-\alpha)dz$　　(3) $\oint_{C} \dfrac{dz}{z-\alpha}$

(4) $\oint_{C} (z-\alpha)^n dz$　　(n は整数)

56 —— **4** 複素関数の積分とコーシーの積分定理

[**解**] C は点 α を中心とする半径 a の円周だから，円周上では $|z-\alpha|=a$ が成り立つ．したがって C はパラメーター θ を使って，$z=\alpha+ae^{i\theta}$ $(0\leqq\theta<2\pi)$ と表わされるので，$dz=iae^{i\theta}d\theta$ となり

(1) $\displaystyle\oint_C dz = ia\int_0^{2\pi} e^{i\theta}d\theta = a(e^{2\pi i}-1) = 0$

(2) $\displaystyle\oint_C (z-\alpha)dz = ia^2\int_0^{2\pi} e^{2i\theta}d\theta = 0$

(3) $\displaystyle\oint_C \frac{1}{z-\alpha}dz = i\int_0^{2\pi} d\theta = 2\pi i$

(4) $n\neq-1$ のとき，
$$\oint_C (z-\alpha)^n dz = ia^{n+1}\int_0^{2\pi} e^{i(n+1)\theta}d\theta = 0 \qquad ∎$$

上の例題の結果は，今後よく使われるので，改めてこれを公式としてまとめておくことにしよう．

$$\oint_C (z-\alpha)^n dz = \begin{cases} 0 & (n\neq-1) \\ 2\pi i & (n=-1) \end{cases} \tag{4.9}$$

$$\text{ただし，} C: z=\alpha+ae^{i\theta} \qquad (0\leqq\theta<2\pi)$$

（VI）　複素積分の絶対値については，不等式

$$\left|\int_C f(z)dz\right| \leqq \int_C |f(z)||dz| = \int_{t_1}^{t_2} |f(z(t))|\left|\frac{dz}{dt}\right|dt \tag{4.10}$$

が成り立つ．ただし C は $z=z(t)$ $(t_1\leqq t\leqq t_2)$ で与えられるものとする．

━━━━━━━━━━━━━━━━━━━━ **問 題 4-1** ━━━━━━━━━━━━━━━━━━━━

1. 3 点 $z=0$，$z=1$，$z=1+i$ を頂点とする三角形を，正の向きに 1 周する閉曲線を C とする．次の周回積分を求めよ．

(1) $\displaystyle\oint_C z\,dz$ 　　(2) $\displaystyle\oint_C \bar{z}\,dz$ 　　(3) $\displaystyle\oint_C e^{iz}dz$

2. 積分
$$\int_C z\,dz \quad \text{ただし} \quad C: z = e^{i\theta} \quad \left(0\leqq\theta<\frac{\pi}{2}\right)$$

について，不等式 $\left|\int_C z dz\right| < \int_C |z||dz|$ が成り立つことを示せ．

4-2 コーシーの積分定理

本節では複素関数の議論で基本的な役割を果たす，コーシーの積分定理を導くことにしよう．まず $f(z)$ の周回積分は，

$$f(z) = u(x,y) + iv(x,y), \quad z = x+iy$$

とおけば，

$$\oint_C f(z) dz = i \iint_D \left\{ \left(\frac{\partial u}{\partial x} - \frac{\partial v}{\partial y}\right) + i\left(\frac{\partial v}{\partial x} + \frac{\partial u}{\partial y}\right) \right\} dxdy \quad (4.11)$$

と変形できることを示す．ここで D は閉曲線 C に囲まれた領域を表わすものとする．また左辺の周回積分は正の向きに，右辺の2重積分は領域 D 内で行なうものとする．

まず図4-7(a)のように，閉曲線 C が x 軸または y 軸と平行な任意の直線と，たかだか2点でだけ交わる場合について調べてみよう．2点P, Qをそれぞれ C 上で x 座標が最小値，最大値をとる点とし，その x 座標を a, b とする．この2点P, Qによって閉曲線 C は2つの曲線 C_1 (PからQ) と C_2 (QからP) に分割される．x 軸上の点 x から y 軸に平行に引いた直線が，曲線 C_1, C_2 と交わる

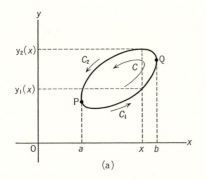
(a)

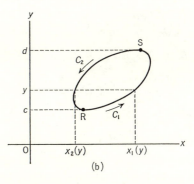
(b)

図 4-7

58 ——— **4** 複素関数の積分とコーシーの積分定理

2点の y 座標をそれぞれ y_1, y_2 とすれば，y_1, y_2 は x の関数となるので，それを $y_1(x), y_2(x)$ で表わすことにする．C で囲まれた領域 D と C 上で，$u(x, y)$ と $\partial u/\partial y$ が連続ならば

$$\iint_D \frac{\partial u(x, y)}{\partial y} dxdy = \int_a^b dx \int_{y_1(x)}^{y_2(x)} \frac{\partial u(x, y)}{\partial y} dy$$

$$= \int_a^b u(x, y_2(x))dx - \int_a^b u(x, y_1(x))dx$$

となる．この最後の式は曲線 $y=y_2(x)$（曲線 C_2 を逆向き）と $y=y_1(x)$（曲線 C_1）にそった線積分を意味するから，両方合わせて閉曲線 C を正の向きに1周する周回積分に -1 をかけたものに等しい．すなわち

$$\iint_D \frac{\partial u}{\partial y} dxdy = -\int_{C_2} u(x, y)dx - \int_{C_1} u(x, y)dx$$

$$= -\oint_C u(x(t), y(t)) \frac{dx}{dt} dt$$

同様にして（図 4-7(b) 参照）

$$\iint_D \frac{\partial v}{\partial x} dxdy = \int_c^d dy \int_{x_2(y)}^{x_1(y)} \frac{\partial v}{\partial x} dx$$

$$= \int_c^d v(x_1(y), y)dy - \int_c^d v(x_2(y), y)dy$$

$$= \oint_C v(x(t), y(t)) \frac{dy}{dt} dt$$

が成り立つので

$$\iint_D \left(\frac{\partial u}{\partial y} + \frac{\partial v}{\partial x} \right) dxdy = -\oint_C \left\{ u(x(t), y(t)) \frac{dx}{dt} - v(x(t), y(t)) \frac{dy}{dt} \right\} dt$$

となる．また上式で u と v を置きかえれば

$$\iint_D \left(\frac{\partial u}{\partial x} - \frac{\partial v}{\partial y} \right) dxdy = \oint_C \left\{ v(x(t), y(t)) \frac{dx}{dt} + u(x(t), y(t)) \frac{dy}{dt} \right\} dt$$

が得られる．この式から

$$i\iint_D \left\{ \left(\frac{\partial u}{\partial x} - \frac{\partial v}{\partial y} \right) + i\left(\frac{\partial v}{\partial x} + \frac{\partial u}{\partial y} \right) \right\} dxdy$$

$$= \oint_C \left\{ \left(u\frac{dx}{dt} - v\frac{dy}{dt} \right) + i\left(v\frac{dx}{dt} + u\frac{dy}{dt} \right) \right\} dt$$

$$= \oint_C (u+iv)\left(\frac{dx}{dt}+i\frac{dy}{dt}\right)dt = \oint_C f(z)dz$$

となり，(4.11)が成り立つことが証明された．

次に図 4-8 のように，閉曲線 C が x 軸または y 軸に平行な直線と 2 点以上で交わる場合について調べてみよう．この場合は C で囲まれる領域を適当にいくつかの領域に分割することによって，各領域を囲む閉曲線は x 軸または y 軸に平行な直線とたかだか 2 点でのみ交わるようにすることができる．このとき各閉曲線を積分路としてそれぞれ正の向きに積分したものを加えれば，領域を分割する曲線上の複素積分は互いに打ち消し合うから

$$\oint_C f(z)dz = \oint_{C_1} f(z)dz + \oint_{C_2} f(z)dz + \cdots$$

が成り立つ．ところで右辺の各積分については，上の証明が使えるので

$$\oint_{C_i} f(z)dz = i\iint_{D_i}\left\{\left(\frac{\partial u}{\partial x}-\frac{\partial v}{\partial y}\right)+i\left(\frac{\partial v}{\partial x}+\frac{\partial u}{\partial y}\right)\right\}dxdy$$

となる．ここで D_i は閉曲線 C_i で囲まれた領域を表わす．これらを加えたものは，もとの領域 D での積分に等しいから，任意の閉曲線 C とそれによって囲まれた領域 D について，

$$\oint_C f(z)dz = \sum_i \oint_{C_i} f(z)dz$$
$$= i\iint_D\left\{\left(\frac{\partial u}{\partial x}-\frac{\partial v}{\partial y}\right)+i\left(\frac{\partial v}{\partial x}+\frac{\partial u}{\partial y}\right)\right\}dxdy$$

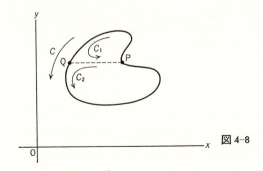

図 4-8

となり，この場合にも(4.11)が成り立つことが示された．

さて $f(z)$ が閉曲線 C によって囲まれる領域 D で正則ならば，その実部，虚部はコーシー・リーマンの微分方程式をみたすから，(4.11)の右辺は零になる．この結果

> 複素関数 $f(z)$ が，閉曲線 C で囲まれる領域 D で正則で C 上で連続であるとき，公式
>
> $$\oint_C f(z)dz = 0 \tag{4.12}$$
>
> が成り立つ．

これをコーシー(Cauchy)の**積分定理**と呼ぶ．

例題 4.3 次の周回積分について，コーシーの積分定理が成り立つことを確かめよ．

$$(1) \ \oint_C dz \qquad (2) \ \oint_C z dz \qquad (3) \ \oint_C e^z dz$$

ただし C は，点 $z=0$, $z=1$, $z=1+i$, $z=i$ を頂点とする正方形を正の方向に1周する閉曲線を表わす(図4-9)．

[解] $1, z, e^z$ は，C が囲む領域と C 上で正則．一方，与えられた周回積分は

(1) $\displaystyle \oint_C dz = \int_0^1 dt + \int_1^2 i dt - \int_2^3 dt - \int_3^4 i dt = 0$

(2) $\displaystyle \oint_C z dz = \int_0^1 t dt + \int_1^2 \{1+(t-1)i\} i dt + \int_2^3 \{1+i-(t-2)\}(-dt)$

$\displaystyle \qquad\qquad + \int_3^4 \{i-(t-3)i\}(-i dt) = 0$

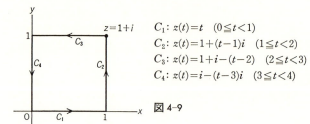

C_1: $z(t) = t$ $(0 \leqq t < 1)$
C_2: $z(t) = 1+(t-1)i$ $(1 \leqq t < 2)$
C_3: $z(t) = 1+i-(t-2)$ $(2 \leqq t < 3)$
C_4: $z(t) = i-(t-3)i$ $(3 \leqq t < 4)$

図 4-9

(3) $\oint_C e^z dz = \int_0^1 e^t dt + \int_1^2 e^{1+(t-1)i} i\, dt + \int_2^3 e^{-(t-3)+i}(-dt)$
$\qquad + \int_3^4 e^{-(t-4)i}(-i\,dt) = 0$

となる．よって与えられた周回積分について，コーシーの積分定理が成り立つことが確かめられた．∎

これまでは 1 つの閉曲線で囲まれた領域を扱ってきたが，このような領域を**単連結領域**と呼ぶ．これに対して単連結でない領域を**多重連結領域**と呼ぶ．たとえば原点を中心とする 2 つの同心円 C_1(半径 r_1)，C_2(半径 r_2; $r_2 > r_1$)で囲まれた円環領域は多重連結(この場合は 2 重連結)領域である(図 4-10)．領域が単連結であるときは，領域内の任意の閉曲線を，その領域内で連続的に変形して 1 点に縮めることができる．一方，多重連結領域では領域内の連続的変形では 1 点に縮められない閉曲線が存在する．たとえば図 4-10 の閉曲線 C は，与えられた領域の外(C_1 の内部)を通過することなしには，1 点に縮めることはできない．

領域をこのように分類したとき，コーシーの積分定理(4.12)は，単連結領域で成り立つことに注意しよう．ただし多重連結領域では，次のように考えればよい．いま図 4-11 で与えられる 2 重連結領域 D を考えよう．閉曲線 C_1, C_2 上に点 P, Q をとり，P, Q を結ぶ曲線で与えられた 2 重連結領域 D を分割すれば，分割されてできた領域内の任意の閉曲線は，1 点に縮めることができるから，

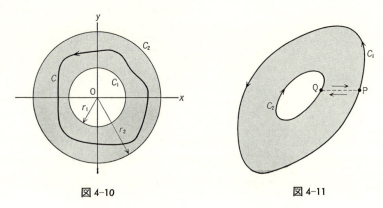

図 4-10　　　　　　　　　　図 4-11

この新しい領域は単連結になる．この単連結領域を1周する閉曲線をCとしたとき，Cは点Pから出発し，矢印の方向にC_1を1周してPに戻り，PからQに行き，QからC_2を矢印の方向に1周してQに戻り，最後にQからPに戻る閉曲線で与えられる．Cが囲む領域は単連結であるから，コーシーの積分定理が適用できて次の式

$$0 = \oint_C f(z)dz$$
$$= \oint_{C_1} f(z)dz + \int_{\overrightarrow{PQ}} f(z)dz + \oint_{C_2} f(z)dz + \int_{\overrightarrow{QP}} f(z)dz$$

が得られる．ところで上式の第2項と第4項は互いに打ち消し合うから

$$\oint_{C_1} f(z)dz + \oint_{C_2} f(z)dz = 0$$

が成り立つ．ただし積分はC_1とC_2が挟む領域Dを常に左にみるように(すなわちDの境界を正の向きに)回るものとする．

同様にして，いくつかの互いに交わらない閉曲線$C_1, C_2, \cdots, C_n$によって挟まれた多重連結領域Dで正則で，さらにこれらの曲線上で連続な関数$f(z)$に対して，次の式

$$\oint_{C_1} f(z)dz + \oint_{C_2} f(z)dz + \cdots + \oint_{C_n} f(z)dz = 0 \qquad (4.13)$$

が成り立つことが示される(図4-12)．ただし積分はすべて領域Dに対して正の向きに行なうものとする．(4.13)を多重連結領域に対するコーシーの積分定

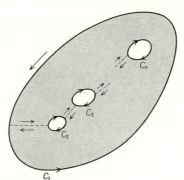

図4-12

理と呼ぶ.

|||||||||||||||||||||||||||||||||||||||||||||||||||||| **問　題 4-2** ||||||||||||||||||||||||||||||||||||||||||||||||||||||

1. $f(z)=\sin z$について，コーシーの積分定理 $\oint_C \sin z dz=0$ が成り立つことを確かめよ．ただしCは例題4.3で与えられた積分路をとるものとする．

2. $f(z)=\dfrac{1}{z}$ は，原点を中心とする半径r_1, r_2 $(r_2>r_1>0)$の同心円によって挟まれる2重連結領域で正則である．このとき(4.13)が成り立つことを確かめよ．

4-3　正則関数の積分について

コーシーの定理を使えば，正則関数の積分について，いくつかの重要な性質が成り立つことがわかる．以下でこれらの性質をまとめておくことにしよう．

積分路の選び方によらないこと

$f(z)$は単連結領域D内で正則であるとする．D内の2点P, Qを結び，かつD内に含まれる任意の2つの曲線C_1, C_2にそって，点PからQまで積分したとき，これらの積分について，次の関係

$$\int_{C_1} f(z)dz = \int_{C_2} f(z)dz \tag{4.14}$$

が成り立つ(図4-13)．

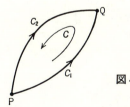

図 4-13

これは次のようにして確かめられる．点PからC_1にそってQまで行き，次にQからC_2を逆向きにPまで戻る閉曲線をCとする．$f(z)$はC上およびCで囲まれる領域で正則であるから，コーシーの定理により

$$\oint_C f(z)dz = \int_{C_1} f(z)dz - \int_{C_2} f(z)dz = 0$$

となり，(4.14) が得られる．この性質から，2点 P, Q を固定したまま，P, Q を結ぶ積分路を $f(z)$ が正則な領域 D 内で連続的に変形しても，積分路が D 内に含まれるかぎり $f(z)$ の積分の値は変化しないことがわかる．

例題 4.4 曲線 $C_1: z=ae^{i\theta}$, $C_2: z=ae^{-i\theta}$ ($0\leqq\theta<\pi$, a は実定数) について，次の積分を求め，それらが等しいことを確かめよ．

(1) $\int_{C_1} z^2 dz$ (2) $\int_{C_2} z^2 dz$

[解] (1) $\int_{C_1} z^2 dz = ia^3 \int_0^\pi e^{3i\theta} d\theta = -\frac{2}{3}a^3$

(2) $\int_{C_2} z^2 dz = -ia^3 \int_0^\pi e^{-3i\theta} d\theta = -\frac{2}{3}a^3$

ゆえに $\int_{C_1} z^2 dz = \int_{C_2} z^2 dz$ が成り立つ．∎

周回積分について

互いに交わらない閉曲線 C_1, C_2 を考える．C_1 と C_2 で挟まれる領域 D で正則で，かつ C_1, C_2 上で連続な関数を $f(z)$ とする (図 4-14)．このとき (4.13) より

$$\oint_{C_1} f(z)dz = -\oint_{C_2} f(z)dz$$

がなりたつ．ただし上式で積分は，領域 D を左に見る向き，すなわち正の向きに行なうものとする．ここで積分を共に反時計まわりに行なうものとすれば

$$\oint_{C_1} f(z)dz = \oint_{-C_2} f(z)dz \tag{4.15}$$

が得られる．

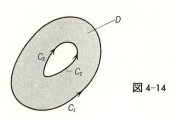

図 4-14

4–3　正則関数の積分について ——— 65

この性質を使えば，一般にある閉曲線にそった周回積分を求めるには，必ず
しも与えられた積分路にそって積分を実行しなくてもよいことがわかる．すな
わち，被積分関数が正則な領域内で積分路を適当に変形して，積分が最も簡単
に実行できるような積分路を選んで，周回積分を実行すればよいことになる．

例題 4.5　次の周回積分を求めよ．

$$\oint_C \frac{dz}{z-1} \qquad (C:\ z=3e^{i\theta},\ 0\leqq\theta<2\pi)$$

[解]　$z=1$ を中心とする半径 1 の円周を C' とすれば，被積分関数は C と C'
で挟まれた領域で正則である．したがって (4.15) から $\oint_C \dfrac{dz}{z-1}=\oint_{C'} \dfrac{dz}{z-1}$ とな
る．ところで C' 上では $z=1+e^{i\theta}\,(0\leqq\theta<2\pi)$，$dz=ie^{i\theta}d\theta$ となるから，与えら
れた積分は次式で与えられる．

$$\oint_C \frac{dz}{z-1} = \oint_{C'} \frac{dz}{z-1} = i\int_0^{2\pi} \frac{e^{i\theta}}{e^{i\theta}}\,d\theta = 2\pi i \qquad ▌$$

不定積分について

すでにみたように，正則関数 $f(z)$ の積分は積分路の選び方によらない．し
たがってその積分の値は，両端の点 z_0, z_1 によって決まることになる．この場
合は，$f(z)$ の積分を表わすのに積分路を表示する必要はなく，実関数の定積分
と同じように

$$\int_{z_0}^{z_1} f(z)dz \tag{4.16}$$

と表わすことができる．ここで z_0 を固定して考えれば，上の積分の値は z_1 の
関数になる．そこで (4.16) を書き直して

$$F(z) = \int_{z_0}^{z} f(\zeta)d\zeta \tag{4.17}$$

とおけば，正則関数 $f(z)$ の積分から新しい複素関数 $F(z)$ が得られる．$F(z)$ を
$f(z)$ の**不定積分**または**原始関数**と呼ぶ．

不定積分 $F(z)$ の微分は

$$\frac{dF(z)}{dz} = \lim_{\Delta z\to 0} \frac{F(z+\Delta z)-F(z)}{\Delta z} = f(z) \tag{4.18}$$

で与えられるから，不定積分 $F(z)$ は微分可能（したがって正則）であり，その導関数は $f(z)$ に等しいことがわかる．

次に任意の 2 点 α, β をとったとき，(4.17) から $F(\alpha), F(\beta)$ は

$$F(\alpha) = \int_{z_0}^{\alpha} f(\zeta)d\zeta, \quad F(\beta) = \int_{z_0}^{\beta} f(\zeta)d\zeta$$

で与えられる．よって，$F(\alpha) - F(\beta)$ は

$$F(\alpha) - F(\beta) = \int_{z_0}^{\alpha} f(\zeta)d\zeta - \int_{z_0}^{\beta} f(\zeta)d\zeta$$

$$= \int_{z_0}^{\beta} f(\zeta)d\zeta + \int_{\beta}^{\alpha} f(\zeta)d\zeta - \int_{z_0}^{\beta} f(\zeta)d\zeta$$

となり(図4-15)，上式の右辺の第 1 項と第 3 項とは互いに打ち消しあうので，関係式

$$\int_{\beta}^{\alpha} f(\zeta)d\zeta = F(\alpha) - F(\beta) \tag{4.19}$$

が得られる．したがって正則関数 $f(z)$ の積分は，その不定積分がわかれば(4.19)からただちに求められる．

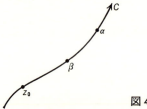

図 4-15

後で示すように(5-2節)，正則関数の導関数はまた正則関数であるから，2 つの正則関数 $f(z), g(z)$ について，(4.19) をつかえば

$$\int_{\beta}^{\alpha} \frac{d}{dz}(f(z)g(z))dz = [f(z)g(z)]_{\beta}^{\alpha} = f(\alpha)g(\alpha) - f(\beta)g(\beta)$$

となる．一方，左辺は

$$\int_{\beta}^{\alpha} \frac{d}{dz}(f(z)g(z))dz = \int_{\beta}^{\alpha} f(z)\frac{dg(z)}{dz}dz + \int_{\beta}^{\alpha} \frac{df(z)}{dz}g(z)dz$$

と変形できるので，両式から部分積分の公式

第 4 章演習問題 ——— 67

$$\int_{\beta}^{\alpha} f(z) \frac{dg(z)}{dz} dz = \left[f(z)g(z) \right]_{\beta}^{\alpha} - \int_{\beta}^{\alpha} \frac{df(z)}{dz} g(z)dz$$

が得られる.

これらの結果, <u>正則関数の積分については, 実関数の積分の公式がそのまま使える</u>ことがわかる.

━━━━━━━━━━━━━━━━━━━━ 問　題 4-3 ━━━━━━━━━━━━━━━━━━━━

1.　次の周回積分を求めよ.

(1)　$\oint_C \dfrac{dz}{z^2+1}$　　　(2)　$\oint_C \dfrac{z}{z^2+1} dz$

ただし C は原点を中心とする半径 2 の円を, 反時計まわりに 1 周するものとする.

2.　次の積分の値を求めよ.

(1)　$\displaystyle\int_0^{1+i} z^2 dz$　　　(2)　$\displaystyle\int_i^{2i} z^2 dz$

(3)　$\displaystyle\int_0^{(\pi/2)i} e^z dz$　　　(4)　$\displaystyle\int_0^{\pi i} \cos z dz$

━━

第 4 章 演 習 問 題

[1]　t をパラメーターとするとき,

(1)　次式で与えられる閉曲線 C を複素平面上に図示せよ.

$z = 2 + e^{(i/2)\pi t}$ $(0 \leqq t \leqq 1)$,　　　$z = 6 + i - 4t$ $(1 \leqq t \leqq 2)$

$z = -2 - ie^{(i/2)\pi t}$ $(2 \leqq t \leqq 3)$,　　　$z = 3e^{i\pi t}$ $(3 \leqq t \leqq 4)$

(2)　上で与えられた曲線 C にそって, 次の積分を計算し, コーシーの定理が成り立つことを確かめよ.

(i)　$\oint_C z dz$　　　(ii)　$\oint_C z^2 dz$

[2]　(1)　次の曲線 C_1, C_2 を複素平面上に図示せよ. C_1 と C_2 は始点 P $(2, 0)$ と終点

68 —— **4** 複素関数の積分とコーシーの積分定理

$Q(-2, -1)$ を共有する 2 つの曲線である.

$$C_1: z = 2-(1-i)t \quad (0 \leq t \leq 1)$$
$$z = 2+i-t \quad (1 \leq t \leq 2)$$
$$z = 4+5i-2(1+i)t \quad (2 \leq t \leq 3)$$
$$C_2: z = 2-\frac{1}{3}(4+i)t \quad (0 \leq t \leq 3)$$

(2) C_1, C_2 にそって次の積分を計算し,同じ積分値を与えることを確かめよ.

(i) $\displaystyle\int_{C_1} e^z dz$ \qquad (ii) $\displaystyle\int_{C_2} e^z dz$

(3) e^z は $|z| < \infty$ で正則であるから,上の積分は

$$\int_P^Q e^z dz$$

と表わすことができる. 不定積分を使って与えられた積分を計算せよ.

[3] 原点を中心とする半径 r の円周を C とする. C を正の向きに 1 周する周回積分

$$\oint_C e^{iaz} dz$$

を求め,次式を証明せよ.

(1) $\displaystyle\int_0^{2\pi} e^{-ar\sin\theta} \cos(\theta+ar\cos\theta)d\theta = 0$

(2) $\displaystyle\int_0^{2\pi} e^{-ar\sin\theta} \sin(\theta+ar\cos\theta)d\theta = 0$

[4] (1) 次式で与えられる曲線 C_1, C_2, C_3 を図示せよ.

$C_1: z = \sqrt{3}\, e^{i\pi t} \quad (0 \leq t \leq 1), \quad C_2: z = -\sqrt{3}+2\sqrt{3}\, t \quad (0 \leq t \leq 1)$

$C_3: z = i+\dfrac{1}{2}e^{i\pi t} \quad (0 \leq t \leq 2)$

(2) 曲線 C_1, C_2, C_3 で囲まれた領域で,$\dfrac{1}{z-i}$ は正則である. 次式が成り立つことを証明せよ.

$$\int_{C_1} \frac{dz}{z-i} = -\int_{C_2} \frac{dz}{z-i} + \oint_{C_3} \frac{dz}{z-i}$$

(3) 次の積分を求めよ.

(i) $\displaystyle\int_{C_2} \frac{dz}{z-i}$ \qquad (ii) $\displaystyle\oint_{C_3} \frac{dz}{z-i}$

(4) 上の結果を使って,次の積分を求めよ.

$$\int_{C_1} \frac{dz}{z-i}$$

無限遠点とリーマン球面

　実関数の議論では，正の無限大($+\infty$)と負の無限大($-\infty$)を考えたが，複素関数の場合にはただ1つの無限大(∞)を導入し，これを無限遠点($|z|=\infty$ の点)と呼ぶ．複素平面には，無限遠点に対応する点を書き込むことはできないので，複素平面と無限遠点を合わせたものを導入し，これを拡張された複素平面という．

　しかし，このままでは具合が悪いので，拡張された複素平面上の点を幾何学的に表示できるようにするのが望ましい．そのためには複素平面を含む3次元空間を導入し，この空間の原点で複素平面に接する単位球面 Σ を考える．接点Sを Σ の南極，南極を通る直径の他端を北極Nとする．

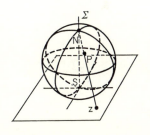

　図のように，複素平面上の点zとNを結ぶ線分は，球面 Σ と1点Pで交わる．逆にPを決めればzが決まる．このようにしてzと，Nを除く Σ 上の点とが1対1に対応する．ここでNに対応する点はz平面上にはないが，これを無限遠点に対応させれば，拡張された複素平面上のすべての点は球面 Σ 上で表わされることになる．この球面をリーマン球面という．

5

コーシーの積分
公式と留数定理

正則関数には，次の興味深い性質がある．すなわち，
ある与えられた点における正則関数の値は，その点
を囲む閉曲線上での関数の値から完全に決められる
のである．この性質から，正則関数がもついろいろ
な性質が次々に導きだされる．また複素積分は，実
関数の定積分を求めるための有力な手段となる．

5-1 コーシーの積分公式

$f(z)$ は単連結領域 D で正則であるとする．D 内に任意の 1 点 α をとり，α を 1 周する閉曲線 C が D に含まれるとき，公式

$$f(\alpha) = \frac{1}{2\pi i} \oint_C \frac{f(z)}{z-\alpha} dz \qquad (5.1)$$

が成り立つ．ただし積分は C が囲む領域に対して正の向きに行なうものとする（図 5-1）．

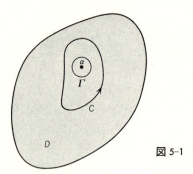

図 5-1

上の公式は**コーシーの積分公式**と呼ばれ，正則関数の最も重要な公式の 1 つである．この公式から，<u>任意の 1 点 α における正則関数 $f(z)$ の値は，α をその内部に含む閉曲線 C 上での $f(z)$ の値から，周回積分 (5.1) によって与えられる</u>ことがわかる．

以下でコーシーの積分公式を証明しよう．仮定から $f(z)$ は D で正則だから，(5.1) の被積分関数は点 $z=\alpha$ を除けば，D 内でいたるところ正則である．したがってその周回積分では，積分の値を変えることなく積分路 C を連続的に（点 α を横切らない限り）変形できるので，新しい積分路として点 α を中心とする半径 ρ の小円 Γ をとることにしよう．このとき与えられた積分は

$$\frac{1}{2\pi i} \oint_C \frac{f(z)}{z-\alpha} dz = \frac{1}{2\pi i} \oint_\Gamma \frac{f(z)}{z-\alpha} dz$$

$$= \frac{1}{2\pi i}\oint_\Gamma \frac{f(z)-f(\alpha)}{z-\alpha}\,dz + \frac{f(\alpha)}{2\pi i}\oint_\Gamma \frac{dz}{z-\alpha} \tag{5.2}$$

と表わすことができる. (4.9)より, 右辺第2項は $f(\alpha)$ に等しいので, 右辺第1項が零になることを示せば, コーシーの積分公式が証明できたことになる. ところで $f(z)$ は正則だから, 次の極限値

$$\lim_{z\to\alpha}\frac{f(z)-f(\alpha)}{z-\alpha} = f'(\alpha)$$

が存在し, その絶対値は有限である. よって Γ の半径 ρ が十分小さいときは, 次の不等式

$$\left|\oint_\Gamma \frac{f(z)-f(\alpha)}{z-\alpha}\,dz\right| \leqq \oint_\Gamma \left|\frac{f(z)-f(\alpha)}{z-\alpha}\right||dz| = |f'(\alpha)|\int_0^{2\pi}\rho d\theta = 2\pi\rho f'(\alpha)$$

が成り立つ. ここで ρ はいくらでも小さくとれるから, (5.2)の右辺第1項は零に等しいことがわかる. これでコーシーの積分公式が証明された.

例題 5.1 $f(z)$ は, $|z-z_0|\leqq r$ で正則であるとする.

(1) 次の式を証明せよ.

$$f(z_0) = \frac{1}{2\pi}\int_0^{2\pi}f(z_0+re^{i\theta})d\theta \tag{5.3}$$

(2) $f(z)$ の実部 $u(x, y)$ について, 次の式を証明せよ. ただし $z=x+iy$.

$$u(x_0, y_0) = \frac{1}{2\pi}\int_0^{2\pi}u(x_0+r\cos\theta, y_0+r\sin\theta)d\theta$$

[解] (1) コーシーの積分公式を使う. 積分路 C として, z_0 を中心とする半径 r の円周をとれば, $z=z_0+re^{i\theta},\ dz=ire^{i\theta}d\theta$ より, $f(z_0)$ は

$$f(z_0) = \frac{1}{2\pi i}\oint_C \frac{f(z)}{z-z_0}\,dz = \frac{1}{2\pi}\int_0^{2\pi}\frac{f(z_0+re^{i\theta})}{re^{i\theta}}\,re^{i\theta}d\theta$$

$$= \frac{1}{2\pi}\int_0^{2\pi}f(z_0+re^{i\theta})d\theta$$

となり, 求める式が得られる.

(2) (5.3)で $f(z)=u(x, y)+iv(x, y)$ とおけば

$$u(x_0, y_0)+iv(x_0, y_0)$$

$$= \frac{1}{2\pi}\int_0^{2\pi}\{u(x_0+r\cos\theta, y_0+r\sin\theta)+iv(x_0+r\cos\theta, y_0+r\sin\theta)\}d\theta$$

74 —— **5** コーシーの積分公式と留数定理

となるから，両辺の実部をとれば求める式が得られる． ▮

||||||||||||||||||||||||||||||||||||||||||||||||||||||||||||||||||||||| **問 題 5-1** |||||||||||||||||||||||||||||||||||||||||||||||||||||||||||||||||||

1. コーシーの積分公式を使って，次の積分を求めよ．ただし C は，$|z|=1$ の円
周を反時計回りに1周するものとする．

(1) $\displaystyle\oint_C \frac{z^2+1}{z^2-2iz}\,dz$ (2) $\displaystyle\oint_C \frac{e^z}{z}\,dz$

|||||||||||||||||||||||||||||||||||||||||||||||||||||||||||||||||||||||||||||||||||||||||||||||||||||||||||||||||||||||||||||||||||||||||||||||||||||||||||

5-2 導関数の積分公式

閉曲線 C に囲まれた領域 D で正則で，かつ C 上で連続な関数の，D 内の任
意の点 z における値 $f(z)$ は，コーシーの積分公式から

$$f(z) = \frac{1}{2\pi i}\oint_C \frac{f(\zeta)}{\zeta-z}\,d\zeta \tag{5.4}$$

で与えられる．同様にして領域 D 内の点 $z+\Delta z$ で，$f(z+\Delta z)$ は

$$f(z+\Delta z) = \frac{1}{2\pi i}\oint_C \frac{f(\zeta)}{\zeta-(z+\Delta z)}\,d\zeta$$

で与えられるから

$$\frac{f(z+\Delta z)-f(z)}{\Delta z} = \frac{1}{2\pi i\Delta z}\oint_C \left\{\frac{f(\zeta)}{\zeta-z-\Delta z}-\frac{f(\zeta)}{\zeta-z}\right\}d\zeta$$

$$= \frac{1}{2\pi i}\oint_C \frac{f(\zeta)}{(\zeta-z)(\zeta-z-\Delta z)}\,d\zeta$$

となる．$\Delta z \to 0$ の極限で，左辺は $f(z)$ の導関数 $f'(z)$ に等しいから，$f'(z)$ は
周回積分

$$f'(z) = \frac{1}{2\pi i}\oint_C \frac{f(\zeta)}{(\zeta-z)^2}\,d\zeta \tag{5.5}$$

で与えられることがわかる．

同様にして，$f'(z)$ の導関数 $f''(z)$ も，C 上の周回積分で表わされることが
示される．この手続きを繰り返すことによって，公式

> 領域 D で $f(z)$ が正則ならば，D 内で $f(z)$ は何回でも微分可能で，その n 階導関数 $f^{(n)}(z)$ は
>
> $$f^{(n)}(z) = \frac{n!}{2\pi i} \oint_C \frac{f(\zeta)}{(\zeta-z)^{n+1}} d\zeta \tag{5.6}$$
>
> で与えられる．ただし C は D 内の閉曲線で，点 z を正の向きに 1 周するものとする．

が得られる．これは，**グルサー**(Goursat)**の公式**と呼ばれ，形式的には周回積分(5.4)で積分と微分の順序を交換して，z に関する微分を積分のまえに行なったもの

$$\frac{d^n f(z)}{dz^n} = \frac{1}{2\pi i} \oint_C f(\zeta) \frac{\partial^n}{\partial z^n} \left(\frac{1}{\zeta-z} \right) d\zeta$$

と同じ形をしていることに注意したい．

　グルサーの公式から，正則関数の導関数もまた微分可能であること，すなわち正則関数であることがわかる．このことから導関数の導関数も正則であること，さらに一般に正則関数は何回でも微分可能で，その n 階導関数 $f^{(n)}(z)$ も D 内で正則であることが示される．

例題 5.2　正則関数 $f(z)=z^2$ について

(1)　$f'(z), f''(z), f'''(z)$ を求めよ．

(2)　次の周回積分を求め，各積分の値はそれぞれ $f(z), f'(z), f''(z), f'''(z)$ に等しいことを示せ．ただし C は点 z を正の向きに 1 周する閉曲線を表わす．

$$\frac{n!}{2\pi i} \oint_C \frac{\zeta^2}{(\zeta-z)^{n+1}} d\zeta \qquad (n=0, 1, 2, 3)$$

[解]　(1)　$f(z)=z^2$ より，$f'(z)=2z, f''(z)=2, f'''(z)=0$ となる．

(2)　積分路 C として，点 z を中心とする半径 r の円をとれば，$\zeta-z=re^{i\theta}$ ($0\leqq\theta<2\pi$)，$d\zeta=ire^{i\theta}d\theta$ より

$$\frac{1}{2\pi i} \oint_C \frac{\zeta^2}{\zeta-z} d\zeta = \frac{1}{2\pi} \int_0^{2\pi} (z^2+2zre^{i\theta}+r^2e^{2i\theta})d\theta = z^2$$

$$\frac{1}{2\pi i} \oint_C \frac{\zeta^2}{(\zeta-z)^2} d\zeta = \frac{1}{2\pi r} \int_0^{2\pi} (z^2e^{-i\theta}+2zr+r^2e^{i\theta})d\theta = 2z$$

76 —— **5** コーシーの積分公式と留数定理

$$\frac{2!}{2\pi i}\oint_C \frac{\zeta^2}{(\zeta-z)^3}\,d\zeta = \frac{2!}{2\pi r^2}\int_0^{2\pi}(z^2e^{-2i\theta}+2zre^{-i\theta}+r^2)d\theta = 2$$

$$\frac{3!}{2\pi i}\oint_C \frac{\zeta^2}{(\zeta-z)^4}\,d\zeta = \frac{3!}{2\pi r^3}\int_0^{2\pi}(z^2e^{-3i\theta}+2zre^{-2i\theta}+r^2e^{-i\theta})d\theta = 0$$

となる．これを(1)の結果と比較すれば，各積分の値は，$f(z)$, $f'(z)$, $f''(z)$, $f'''(z)$ に等しいことがわかる． ▌

━━━━━━━━━━━━━━━━━━━━━ 問　題 5-2 ━━━━━━━━━━━━━━━━━━━━━

1. 原点を中心とする半径 2 の円周を C とするとき，次の積分の値を求めよ．

$$\oint_C \frac{ze^z}{(z+(\pi/2)i)^2}\,dz$$

━━

5-3　正則関数の性質——コーシーの積分公式の応用

　コーシーの積分公式から，正則関数は次の A から C までの性質をもつことが示される．

A　リューヴィル(**Liouville**)の定理

　<u>領域 $|z|<\infty$ で $f(z)$ は正則で，かつ $|f(z)|<M$ をみたす定数 M があるならば（このとき $f(z)$ は有界であるという），$f(z)$ は実は定数である</u>．

　これはリューヴィルの定理と呼ばれ，次のようにして証明される．仮定より $|f(z)|<M$ となる正の数 M が存在する．いま任意の点 z_0 をとれば，コーシーの積分公式から

$$f(z_0)-f(0) = \frac{1}{2\pi i}\oint_C\left(\frac{f(z)}{z-z_0}-\frac{f(z)}{z}\right)dz = \frac{z_0}{2\pi i}\oint_C\frac{f(z)}{z(z-z_0)}\,dz$$

となる．ここで積分路 C は原点を中心とする半径 R の円周で，z_0 をその内部に含むものとする．C 上では $z=Re^{i\theta}$, $dz=iRe^{i\theta}d\theta$ より，不等式

$$|f(z_0)-f(0)| = \frac{|z_0|}{2\pi}\left|\oint_C\frac{f(z)}{z(z-z_0)}\,dz\right| < \frac{|z_0|M}{2\pi}\int_0^{2\pi}\frac{d\theta}{|z-z_0|}$$

が成り立つ. ここで R を十分大きくとり, $|z_0|<R/2$ となるようにすれば $|z-z_0|$ $\geqq|z|-|z_0|=R-|z_0|>R/2$ より, $|f(z_0)-f(0)|<\dfrac{2M}{R}|z_0|$ が得られる. ところで $f(z)$ は $|z|<\infty$ で正則だから, R はいくらでも大きくとれるが, $|z_0|$ は有限でかつ M は一定だから, $\lim\limits_{R\to\infty}|f(z_0)-f(0)|=0$ となる. これから $f(z_0)=f(0)$ となり, 任意の点 z_0 における $f(z)$ の値は常に $f(0)$ に等しいことがわかる. これは $f(z)$ が定数であることを意味しているので, リューヴィルの定理が成り立つ.

ここで次の点に注意しよう. 関数 $z, z^2, \cdots, z^n$ は, $|z|<\infty$ で正則であるが定数ではない. その理由はこれらの関数が有界でないことによる. なぜならば, $|z|$ の大きさを大きくとれば, 与えられた関数の絶対値はいくらでも大きくなるからである.

B 代数学の基本定理

任意の複素定数 $\alpha_n, \alpha_{n-1}, \cdots, \alpha_0$ を係数とする $n\,(\geqq1)$ 次方程式

$$f(z) = \alpha_n z^n+\alpha_{n-1}z^{n-1}+\cdots+\alpha_0 = 0 \quad (\alpha_n\neq0) \tag{5.7}$$

は, 少なくとも1つの複素数解をもつ.

この定理は, n 次方程式の解の存在を保証しているもので, ガウスによって証明された. これを**代数学の基本定理**と呼ぶ. リューヴィルの定理を使ってこれを証明しよう. いま $f(z)=0$ が解をもたないとすれば, いたるところ $f(z)\neq0$. このとき $\dfrac{1}{f(z)}$ は領域 $|z|<\infty$ で正則で, かつ有界(なぜならば, $|z|<\infty$ で $f(z)$ は有限で, かつ $|z|\to\infty$ のとき $\left|\dfrac{1}{f(z)}\right|\to0$ だから)である. したがってリューヴィルの定理から, $\dfrac{1}{f(z)}$ は定数でなければならないことになるが, $\alpha_n\neq0\,(n\geqq1)$ としているので $f(z)$ は定数ではない. これは矛盾である. よって $f(z)$ は少なくとも1つの解をもつことがわかる. すでにみたように(3-1 節), この定理から $f(z)$ は実は n 個の解をもつことが示される.

C 最大値および最小値の定理

$f(z)$ が閉曲線 C の内部と C 上で正則で, かつ定数でないとすれば, その絶対値 $|f(z)|$ は C の内部で最大値をとることはない. また C の内部で $f(z)\neq0$ とすれば, $|f(z)|$ は C の内部で最小値をとることもない.

これは最大値および最小値の定理と呼ばれ, 次のようにして証明される. い

78 ―――― **5** コーシーの積分公式と留数定理

ま $|f(z)|$ が C の内部のある点 z_0 で最大値をもつと仮定する．$f(z)$ は連続だから，z_0 を中心とする小円周（半径 ε）上では，$|f(z_0+\varepsilon e^{i\theta})|<|f(z_0)|$ が成り立つ．したがって (5.3) より

$$|f(z_0)| = \left| \frac{1}{2\pi} \int_0^{2\pi} f(z_0+\varepsilon e^{i\theta})d\theta \right| \leqq \frac{1}{2\pi} \int_0^{2\pi} |f(z_0+\varepsilon e^{i\theta})|d\theta$$

$$< \frac{1}{2\pi} \int_0^{2\pi} |f(z_0)|d\theta = |f(z_0)|$$

となり，これは矛盾である．ゆえに $|f(z)|$ は C の内部で最大値をとることはない．最小値については，$\dfrac{1}{f(z)}$ について同様の議論をすればよい．

―――――――――――――――――――――― **問　題 5-3** ――――――――――――――――――――――

1. $f(z)=z^2-2z+1$ の絶対値 $|f(z)|$ が，$|z|\leqq 1$ で最大値および最小値をもつ点と，その点での $f(z)$ の値を求めよ．

―――

5-4　留 数 定 理

$f(z)$ が閉曲線 C に囲まれた領域 D で正則で C 上で連続ならば，

$$\oint_C f(z)dz = 0 \tag{5.8}$$

が成り立つ（コーシーの積分定理）．それでは $f(z)$ が，領域 D で**特異点**をもつとき，上の周回積分はどのような値をとるであろうか．

この問題を調べるために，次式で与えられる関数 $f(z)$

$$f(z) = \frac{\alpha_{-m}}{(z-z_0)^m} + \frac{\alpha_{-m+1}}{(z-z_0)^{m-1}} + \cdots + \frac{\alpha_{-1}}{z-z_0} + h(z) \qquad (\alpha_{-m}\neq 0,\ m\geqq 1)$$

$$\tag{5.9}$$

の周回積分

$$\oint_C f(z)dz = \oint_C \frac{\alpha_{-m}}{(z-z_0)^m}dz + \cdots + \oint_C \frac{\alpha_{-1}}{z-z_0}dz + \oint_C h(z)dz \tag{5.10}$$

を求めてみよう．ただし C は点 z_0 をまわる閉曲線を表わし，$h(z)$ は C が囲む領域で正則な関数を表わすものとする．したがって $f(z)$ は，C に囲まれた領域で $z=z_0$ を除いて正則で，点 $z=z_0$ では m 位の極をもつ(図5-2)．

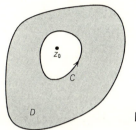

図 5-2

まずコーシーの定理から，右辺の最後の項は零に等しい．それ以外の各項の周回積分では，C として点 z_0 を中心とする円周をとれば，(4.9)により，

$$\oint_C \frac{dz}{z-z_0} = 2\pi i, \quad \oint_C \frac{dz}{(z-z_0)^m} = 0 \quad (m \neq -1)$$

が成り立つから，(5.10)の周回積分は

$$\oint_C f(z)dz = 2\pi i \alpha_{-1} \tag{5.11}$$

となる．すなわち，$f(z)$ が(5.9)で与えられるとき，その周回積分の値は，$(z-z_0)^{-1}$ の係数 α_{-1} の $2\pi i$ 倍に等しいことがわかる．

係数 α_{-1} を，$f(z)$ の $z=z_0$ における**留数**(りゅうすう)(residue)といい，これを

$$\alpha_{-1} = \operatorname{Res} f(z_0) \quad \text{または} \quad \alpha_{-1} = \operatorname{Res}[f]_{z=z_0} \tag{5.12}$$

で表わす．

例題 5.3 $f(z) = \dfrac{z}{(z-z_0)^2}$ について，$\operatorname{Res} f(z_0)$ を求めよ．また $\oint_C f(z)dz = 2\pi i \operatorname{Res} f(z_0)$ を確かめよ．ただし C は z_0 を正の向きにまわる閉曲線とする．

[解] $f(z) = \dfrac{z}{(z-z_0)^2} = \dfrac{z_0}{(z-z_0)^2} + \dfrac{1}{z-z_0}$ より，$\operatorname{Res} f(z_0) = 1$．次に点 z_0 を中心とする半径 ε の円を C とすれば，C 上では $z-z_0 = \varepsilon e^{i\theta}$ とおけるから，$\oint \dfrac{z}{(z-z_0)^2} dz = 2\pi i$ となり，周回積分の値は留数の $2\pi i$ 倍に等しい．∎

上の議論では，(5.9)で与えられる特別な形をした関数 $f(z)$ を考えた．とこ

ろで点 z_0 で m 位の極をもつ関数 $f(z)$ は, z_0 の近くでは常に(5.9)の形に表わされることが示されるので(6-3節), $f(z)$ の z_0 を回る周回積分の値は, (5.11)と同じく一般的に

$$\oint_C f(z)dz = 2\pi i \,\mathrm{Res}\, f(z_0) \tag{5.13}$$

で与えられることがわかる.

次に $f(z)$ が閉曲線 C の内部に 2 個以上の特異点 $z_1, z_2, \cdots, z_n$ をもつ場合を考え, そのときの周回積分 $\oint_C f(z)dz$ の値を求めよう. 各特異点 z_i $(i=1, 2, \cdots, n)$ を中心とする小円周を C_i とし, これら小円周の半径を十分小さくとれば, C_i は互いに交わることなく, また C が囲む領域の外に出ることもない(図5-3).

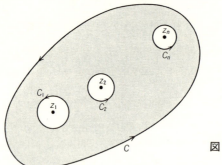

図 5-3

仮定によって $f(z)$ は C と C_i とで挟まれる領域で正則だから, $f(z)$ の周回積分は

$$\oint_C f(z)dz = \oint_{C_1} f(z)dz + \oint_{C_2} f(z)dz + \cdots + \oint_{C_n} f(z)dz \tag{5.14}$$

で与えられる. ただし積分はすべて反時計回りに行なうものとする($C_1, C_2, \cdots, C_n$ にそった周回積分は, (4.13)とは逆向きに回ることに注意).

さて閉曲線 C_i の内部に, $f(z)$ の特異点はただ1つしか含まれないから, 各周回積分の値はその内部の特異点における留数で表わされる. したがって

$f(z)$ が閉曲線 C の内部に特異点 $z_1, z_2, \cdots, z_n$ をもち, これらの点を除けば C が囲む領域で正則で C 上で連続であるとき,

5-4 留 数 定 理 ——— 81

$f(z)$ の周回積分は (5.15)

$$\oint_C f(z)dz = 2\pi i \sum_{k=1}^{n} \mathrm{Res}\, f(z_k)$$

が成り立つ. これを**留数定理**と呼ぶ.

この結果から, 各特異点における $f(z)$ の留数がわかれば, それらの特異点を囲む $f(z)$ の周回積分の値は, (5.15)からただちに求められることになる. したがって複素積分では, 留数を求めることが重要になる. 次に留数の求め方を調べよう.

留数の求め方

$f(z)$ が $z=z_0$ で m 位(m は正の整数)の極をもつとき, $z=z_0$ の近くでは (5.9)の形に書けるから,

$$(z-z_0)^m f(z) = \alpha_{-m} + \alpha_{-m+1}(z-z_0) + \cdots + \alpha_{-1}(z-z_0)^{m-1} + (z-z_0)^m h(z)$$

となり, $\lim_{z \to z_0} \{(z-z_0)^m f(z)\} = \alpha_{-m} (\neq 0)$ が成り立つ. 次に上式の両辺を微分して, $z \to z_0$ とおけば $\lim_{z \to z_0} \dfrac{d}{dz}\{(z-z_0)^m f(z)\} = \alpha_{-m+1}$ となる. 同様にして $(m-1)$ 回微分して $z \to z_0$ とおけば,

$$\lim_{z \to z_0} \frac{d^{m-1}}{dz^{m-1}}\{(z-z_0)^m f(z)\} = (m-1)!\, \alpha_{-1}$$

となるから, $f(z)$ の留数 $\mathrm{Res}\, f(z_0)$ は

$$\alpha_{-1} = \mathrm{Res}\, f(z_0) = \frac{1}{(m-1)!} \lim_{z \to z_0} \frac{d^{m-1}}{dz^{m-1}}\{(z-z_0)^m f(z)\} \quad (5.16)$$

で与えられることがわかる.

例えば z_0 が $f(z)$ の 1 位の極ならば, 上式で $m=1$ とおけば, $\mathrm{Res}\, f(z_0)$ は

$$\mathrm{Res}\, f(z_0) = \lim_{z \to z_0} \{(z-z_0)f(z)\} \quad (5.17)$$

で与えられる.

例題 5.4 次の関数

$$f(z) = \frac{2}{bz^2 + 2az + b}$$

の各特異点における留数を求めよ.

[解] 分母の零点は $z_{\pm} = (-a \pm \sqrt{a^2 - b^2})/b$ であるから

82 —— **5** コーシーの積分公式と留数定理

$$f(z) = \frac{2}{b(z-z_+)(z-z_-)} = \frac{2}{b(z_+-z_-)}\left(\frac{1}{z-z_+} - \frac{1}{z-z_-}\right)$$

ここで $z_+ - z_- = 2\sqrt{a^2-b^2}/b$. したがって

$$\text{Res}\, f(z_+) = \frac{1}{\sqrt{a^2-b^2}}, \qquad \text{Res}\, f(z_-) = -\frac{1}{\sqrt{a^2-b^2}}$$

次のようにしてもよい. (5.17)とド・ロピタルの公式を用いて

$$\text{Res}\, f(z_\pm) = \lim_{z\to z_\pm} \frac{2(z-z_\pm)}{bz^2+2az+b} = \lim_{z\to z_\pm} \frac{2}{2bz+2a}$$

$$= \frac{1}{bz_\pm+a} = \pm\frac{1}{\sqrt{a^2-b^2}} \qquad ∎$$

例題 5.5 次の周回積分の値を求めよ. ただし C は原点を中心とする半径 $\frac{3}{2}\pi$ の円を表わす.

$$\frac{1}{2\pi i} \oint_C \frac{dz}{\sin z}$$

[解] $f(z) = \frac{1}{\sin z} = \frac{1}{(z-n\pi)}\frac{z-n\pi}{\sin z}$ とおけば, ド・ロピタルの公式から,

$\lim_{z\to n\pi} \{(z-n\pi)f(z)\} = \lim_{z\to n\pi} \frac{z-n\pi}{\sin z} = (-1)^n$ となるから, $f(z)$ は $z=n\pi$ で1位の極をもち, それらの点での留数は $(-1)^n$ に等しい. よって $f(z)$ は C に囲まれる領域で, $z=0, \pm\pi$ に1位の極をもつから,

$$\frac{1}{2\pi i} \oint_C \frac{dz}{\sin z} = \text{Res}\left[\frac{1}{\sin z}\right]_{z=0} + \text{Res}\left[\frac{1}{\sin z}\right]_{z=\pi} + \text{Res}\left[\frac{1}{\sin z}\right]_{z=-\pi}$$

となり, 各留数の値を上式に代入すれば求める周回積分の値は $\frac{1}{2\pi i} \oint_C \frac{dz}{\sin z} = -1$ となる. ∎

━━━━━━━━━━━━━━━━━━━ 問　題 5-4 ━━━━━━━━━━━━━━━━━━━

1. 次の周回積分の値を求めよ. ただし積分は原点を中心とする半径2の円周にそって, 反時計回りに行なうものとする.

(1) $\dfrac{1}{2\pi i} \oint_C \dfrac{ze^{\pi z}}{z^2+1} dz$　　(2) $\dfrac{1}{2\pi i} \oint_C \dfrac{e^{i\pi z}}{z(z-1)^2} dz$　　(3) $\dfrac{1}{2\pi i} \oint_C \dfrac{\sin \pi z}{z^2} dz$

2. 次の3つの積分路 C を考える.

(1) $|z| = 1/2$ (2) $|z| = 3/2$ (3) $|z-2| = 1/2$

各積分路を反時計回りに1周するとき，次の周回積分を求めよ.

$$\frac{1}{2\pi i} \oint_C \frac{\sin\frac{\pi}{2}z}{z(z-1)(z-2)} \, dz$$

5–5 実定積分の計算

留数定理を応用して，実定積分の値を求めることができる．一般に被積分関数が初等関数であっても，その定積分の値を実関数の不定積分から求めることは，困難な場合が多い．しかし定積分の上限，下限が特別な場合には，これらの定積分を複素関数の周回積分に直すことができる．この場合には定積分を求める問題は，周回積分に対する留数を求める問題に帰着する．理工学の分野で応用上重要な定積分は，積分の上限，下限として，この種の性質をもつことが多い．ここでは留数定理を応用できる場合を，いくつかのタイプに分類して説明することにしよう．

[タイプ1] $\displaystyle\int_0^{2\pi} f(\cos\theta, \sin\theta)d\theta$ (5.18)

ここで $f(\cos\theta, \sin\theta)$ は，$\cos\theta$, $\sin\theta$ の有理関数であって，$0 \leqq \theta < 2\pi$ で連続であるとする．$z = e^{i\theta}$ とおけば，θ が0から2π まで変化したとき，z は原点を中心とする半径1の円周 C 上を反時計回りに1周する．またこのとき

$$\cos\theta = \frac{1}{2}(e^{i\theta} + e^{-i\theta}) = \frac{1}{2}(z + z^{-1})$$

$$\sin\theta = \frac{1}{2i}(e^{i\theta} - e^{-i\theta}) = \frac{1}{2i}(z - z^{-1})$$

となり，さらに $dz = ie^{i\theta}d\theta = izd\theta$ だから，求める定積分は

$$\int_0^{2\pi} f(\cos\theta, \sin\theta)d\theta = \frac{1}{i}\oint_C f\left(\frac{z+z^{-1}}{2}, \frac{z-z^{-1}}{2i}\right)\frac{dz}{z}$$

と変形される．上式の右辺は，原点を中心とする単位円周を，正の向きに1周

する周回積分を表わす．周回積分の被積分関数 $\frac{1}{z}f\left(\frac{z+z^{-1}}{2}, \frac{z-z^{-1}}{2i}\right)$ が，単位円 ($|z|=1$) の内部で正則ならば，コーシーの定理から求める定積分の値は零になる．一方，$\frac{1}{z}f$ が C の内部に特異点 z_n ($n=1, 2, \cdots, r$；r は $f(z)$ によって異なる) をもつならば，留数定理(5.15)と上の式から

$$\int_0^{2\pi} f(\cos\theta, \sin\theta)d\theta = 2\pi \sum_{n=1}^{r} \mathrm{Res}\left[\frac{1}{z}f\right]_{z=z_n} \tag{5.19}$$

となる．

例題 5.6 次の定積分を求めよ．

$$\int_0^{2\pi} \frac{d\theta}{a+b\cos\theta} \qquad (a>b>0)$$

[解] $z=e^{i\theta}$ とおけば，与えられた積分は $\int_0^{2\pi}\frac{d\theta}{a+b\cos\theta}=\frac{2}{i}\oint_C\frac{dz}{bz^2+2az+b}$ と変形される．被積分関数は $z_{\pm}=(-a\pm\sqrt{a^2-b^2})/b$ に1位の極をもつが，このうち z_+ だけが単位円の内部にあり，そこでの留数は例題5.4により

$$\mathrm{Res}\left[\frac{2}{bz^2+2az+b}\right]_{z=z_+} = \frac{1}{\sqrt{a^2-b^2}}$$

となる．したがって(5.19)より，求める積分は次式で与えられる．

$$\int_0^{2\pi}\frac{d\theta}{a+b\cos\theta} = \frac{2\pi}{\sqrt{a^2-b^2}} \qquad \blacksquare$$

[**タイプ 2**] $\quad \int_{-\infty}^{\infty} f(x)dx \tag{5.20}$

$f(x)$ は x の有理関数で，分母の次数が分子の次数より2以上大きいものとする．ここで，次の周回積分 $\oint_C f(z)dz$ を考える．ただし図5-4に示すように，

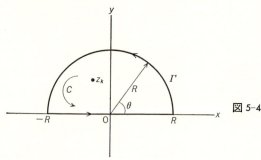

図 5-4

積分路 C は実軸上の線分 $-R \leqq x \leqq R$ と，原点を中心とする半径 R の上半円 Γ からなるものとする．したがって周回積分は

$$\oint_C f(z)dz = \int_{-R}^{R} f(x)dx + \int_{\Gamma} f(z)dz \tag{5.21}$$

と書ける．右辺第 1 項は実軸上の定積分を表わし，$R \to \infty$ の極限で求める定積分に一致する．

右辺第 2 項については，Γ 上で $z = Re^{i\theta}\,(0 \leqq \theta \leqq \pi)$ とおけるから，

$$\int_{\Gamma} f(z)dz = iR \int_0^{\pi} f(Re^{i\theta})e^{i\theta}d\theta$$

となり，その絶対値は不等式

$$\left| \int_{\Gamma} f(z)dz \right| \leqq R \int_0^{\pi} |f(Re^{i\theta})|d\theta \tag{5.22}$$

をみたす．ところで仮定により $f(z)$ の分母の次数は分子の次数より 2 以上大きいから，$R \to \infty$ で，不等式

$$|f(Re^{i\theta})| \leqq \frac{M}{R^2} \tag{5.23}$$

が成り立つ．ここで M は R に無関係な定数を表わす．したがって

$$\lim_{R \to \infty} \left| \int_{\Gamma} f(z)dz \right| \leqq \lim_{R \to \infty} R \frac{M}{R^2} \pi = 0$$

となり，(5.21) の右辺第 2 項は零になる．この結果次の式

$$\int_{-\infty}^{\infty} f(x)dx = \lim_{R \to \infty} \oint_C f(z)dz \tag{5.24}$$

が得られる．留数定理によれば，(5.24) の右辺は C に囲まれる領域内の $f(z)$ のすべての特異点における留数の和の $2\pi i$ 倍に等しい．いま $f(z)$ の特異点のうち，z 平面の上半面にあるものを $z_k\,(k=1, 2, \cdots, m;\ m$ は $f(z)$ によって異なる)とすれば，$R \to \infty$ の極限で z_k はすべて C の内部に含まれるから，公式

$$\int_{-\infty}^{\infty} f(x)dx = 2\pi i \sum_{k=1}^{m} \operatorname{Res} f(z_k) \qquad (\operatorname{Im} z_k > 0) \tag{5.25}$$

が成り立つ．

例題 5.7 次の定積分の値を求めよ．

86 —— **5** コーシーの積分公式と留数定理

$$\int_{-\infty}^{\infty} \frac{dx}{x^2+a^2} \qquad (a>0)$$

[解] $f(z)=\dfrac{1}{z^2+a^2}=\dfrac{1}{(z-ia)(z+ia)}$ は，$z_{\pm}=\pm ia$ に 1 位の極をもつ．このうち上半面にあるのは z_+ だけだから，(5.25) から求める積分は次式で与えられる．

$$\int_{-\infty}^{\infty} \frac{dx}{x^2+a^2} = 2\pi i \operatorname{Res} f(z_+) = \frac{\pi}{a} \qquad \blacksquare \tag{5.26}$$

[**タイプ3**] $\displaystyle\int_{-\infty}^{\infty} f(x)e^{iax}dx \qquad (a>0) \tag{5.27}$

$f(x)$ は x の有理関数で，分母の次数が分子の次数より 1 以上大きいものとする．次の周回積分 $\displaystyle\oint_C f(z)e^{iaz}dz$ を考える．ここで C は図 5-4 と同じ積分路をとることにすれば

$$\oint_C f(z)e^{iaz}dz = \int_{-R}^{R} f(x)e^{iax}dx + \int_{\Gamma} f(z)e^{iaz}dz \tag{5.28}$$

となり，右辺第 1 項は $R\to\infty$ で求める定積分に一致する．

一方，第 2 項については，Γ 上で $z=Re^{i\theta}=R(\cos\theta+i\sin\theta)$ とおけるから

$$\int_{\Gamma} f(z)e^{iaz}dz = iR\int_0^{\pi} f(Re^{i\theta})e^{-Ra\sin\theta+iRa\cos\theta}e^{i\theta}d\theta$$

となり，その絶対値は不等式

$$\left|\int_{\Gamma} f(z)e^{iaz}dz\right| \leqq R\int_0^{\pi} |f(Re^{i\theta})|e^{-Ra\sin\theta}d\theta$$

をみたす．仮定によって $f(z)$ の分母の次数は分子の次数より 1 以上大きいから，R が十分大きいところでは $|f(Re^{i\theta})|\leqq\dfrac{M}{R}$ が成り立つ．これを使えば，R が大きいとき

$$\left|\int_{\Gamma} f(z)e^{iaz}dz\right| \leqq M\int_0^{\pi} e^{-Ra\sin\theta}d\theta = 2M\int_0^{\pi/2} e^{-Ra\sin\theta}d\theta$$

となる．ところで $0\leqq\theta\leqq\dfrac{\pi}{2}$ の範囲では，$\sin\theta\geqq\dfrac{2}{\pi}\theta$ が成り立つので（証明は読者にまかせることにして，ここでは図 5-5 を参考にされたい），上の不等式は

$$\left|\int_{\Gamma} f(z)e^{iaz}dz\right| < 2M\int_0^{\pi/2} e^{-(2/\pi)aR\theta}d\theta = \frac{\pi M}{aR}(1-e^{-aR})$$

となる．$a>0$ のとき，$\displaystyle\lim_{R\to\infty} e^{-aR}\to 0$ となるから，次の公式

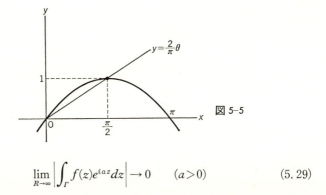

図 5-5

$$\lim_{R\to\infty}\left|\int_{\Gamma}f(z)e^{iaz}dz\right|\to 0 \qquad (a>0) \tag{5.29}$$

が成り立つことがわかる．この公式をジョルダン(Jordan)の補助定理と呼ぶ．

ジョルダンの補助定理により，(5.28)は $R\to\infty$ で

$$\int_{-\infty}^{\infty}f(x)e^{iax}dx = \lim_{R\to\infty}\oint_{C}f(z)e^{iaz}dz$$

となる．(5.24)の場合と同じく，上式の右辺は上半面にある $f(z)$ の特異点 z_k ($k=1, 2, \cdots, r$) における留数の和の $2\pi i$ 倍に等しいから，公式

$$\int_{-\infty}^{\infty}f(x)e^{iax}dx = 2\pi i\sum_{k=1}^{r}\text{Res}\,[f(z)e^{iaz}]_{z=z_k} \qquad (\text{Im}\,z_k>0) \tag{5.30}$$

が得られる．

ここで次の点に注意しよう．公式(5.30)は $a>0$ のとき，与えられた定積分(5.27)が，$f(z)e^{iaz}$ の上半面の特異点における留数の和で与えられることを意味している．では $a<0$ の場合にもこの公式は適用できるだろうか．$a<0$ のとき，(5.28)の右辺は $R\to\infty$ で発散するから，この場合ジョルダンの補助定理は成立しない．よって(5.30)は，$a<0$ のときには適用できない．しかし $a<0$ の場合には，図5-6のように下半面をまわることにより次式を得る．

$$\int_{-\infty}^{\infty}f(x)e^{iax}dx = -2\pi i\sum_{k=1}^{r}\text{Res}\,[f(z)e^{iaz}]_{z=z_k} \qquad (a<0,\ \text{Im}\,z_k<0) \tag{5.31}$$

ただし z_k は $f(z)$ の下半面における特異点を表わす．

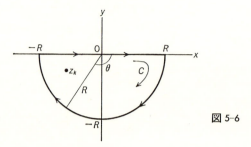

図 5-6

例題 5.8 次の定積分の値を求めよ.

$$\frac{1}{2\pi i}\int_{-\infty}^{\infty}\frac{e^{iax}}{x-ib}dx \quad (b>0)$$

[解] $f(z)=\dfrac{1}{z-ib}$ は，分母の次数が分子の次数より1だけ大きく，また上半面の $z=ib$ に1位の極をもつ．よって $a>0$ のとき(5.30)より

$$\frac{1}{2\pi i}\int_{-\infty}^{\infty}\frac{e^{iax}}{x-ib}dx = e^{-ab}$$

$a<0$ のときは(5.31)を使う．$f(z)$ は下半面に特異点をもたないから，周回積分は零になる．したがって与えられた定積分は，$b>0$ のとき

$$\frac{1}{2\pi i}\int_{-\infty}^{\infty}\frac{e^{iax}}{x-ib}dx = \begin{cases} e^{-ab} & (a>0) \\ 0 & (a<0) \end{cases} \tag{5.32}$$

となる.

上式で $b\to 0$ の極限を考えれば，$\lim_{b\to 0}e^{-ab}=1$ より，公式

$$\lim_{b\to 0}\frac{1}{2\pi i}\int_{-\infty}^{\infty}\frac{e^{iax}}{x-ib}dx = \theta(a) \tag{5.33}$$

が得られる．ここで $\theta(a)$ は**階段関数**(step function)と呼ばれ，次式で定義される関数を表わす．

$$\theta(a) = \begin{cases} 1 & (a>0) \\ 0 & (a<0) \end{cases} \tag{5.34}$$

(5.33)を階段関数の**積分表示**(integral representation)という． ∎

第 5 章演習問題 ———— 89

||||||||||||||||||||||||||||||||||||||||||||||||||||||| **問　題 5-5** ||||||||||||||||||||||||||||||||||||||||||||||||||||||||

1. 次の定積分の値を求めよ.

(1) $\displaystyle\int_0^{2\pi} \frac{\sin\theta}{5-4\cos\theta}\, d\theta$　　　(2) $\displaystyle\int_{-\infty}^{\infty} \frac{x^2\, dx}{x^4+1}$

||||||||||||||||||||||||||||||||||||||||||||||||||||||||||||||||||||||||||||||||||||||||||||||||||||||||||||||||||||||||||||||||||||||||||

第 5 章 演 習 問 題

[1] 次の積分を求めよ. ただし n は正の整数を表わし, 積分は指定された閉曲線を正の向きに 1 周するものとする.

(1) $\displaystyle\oint_C \frac{z^2\sinh z}{z-\pi i}\, dz$　$(C:\ |z-\pi i|=1)$

(2) $\displaystyle\oint_C \frac{2z^2+1}{(z-1)^3}\, dz$　$(C:\ |z-1|=1)$

(3) $\displaystyle\oint_C \frac{2z\cos\pi z}{\left(z-\dfrac{1}{2}\right)^2(z-5)}\, dz$　$\left(C:\ \left|z-\dfrac{1}{2}\right|=1\right)$

(4) $\displaystyle\oint_C \frac{e^{iz}}{z^{n+1}}\, dz$　$(C:\ |z|=1)$

[2] $f(z)=a_0+a_1z+a_2z^2$ とおく. $f(z)$ が次の関係

$$\frac{1}{2\pi i}\oint_C \frac{f(z)}{z}\, dz=1, \qquad \frac{1}{2\pi i}\oint_C \frac{f(z)}{z^2}\, dz=0, \qquad \frac{1}{2\pi i}\oint_C \frac{f(z)}{z^3}=2$$

をみたすとき, a_0, a_1, a_2 の値を求めよ. ただし積分は閉曲線 $|z|=1$ を正の向きに 1 周するものとする.

[3] (1)　積分路 C として, 円周 $|z|=2$ を反時計回りに 1 周するとき, 次の式を示せ.

$$\frac{1}{2\pi i}\oint_C \frac{e^{zt}}{z^2+1}\, dz=\sin t$$

(2)　上と同じ積分路をとったとき, 次の式が成り立つことを示せ.

$$\frac{1}{2\pi i}\oint_C \frac{ze^{zt}}{z^2+1}\, dz=\cos t$$

　この結果は(1)で積分と t についての微分の順序を交換したものに等しい.

[4] 次の関数の指定された点における留数を求めよ. ただし n, m は正の整数とする.

90 —— **5** コーシーの積分公式と留数定理

(1) $\dfrac{z}{\sin z}$ $(z=n\pi)$ (2) $\dfrac{1}{z\sin z}$ $(z=n\pi)$

(3) $\tan z$ $\left(z=\left(n+\dfrac{1}{2}\right)\pi\right)$ (4) $\dfrac{1}{(1+z^2)^2}$ $(z=\pm i)$

(5) $\dfrac{\sin z}{(z^2-\pi^2)^2}$ $(z=\pm\pi)$ (6) $\dfrac{1}{(z-\alpha)^m(z-\beta)^n}$ $(z=\alpha)$

[5] 次の積分の値を求めよ．ただし n,m は正の整数，積分はそれぞれ指定された閉曲線を正の向きに1周するものとする．

(1) $\displaystyle\oint_C \dfrac{dz}{(z^2+1)^3}$ $(|z|=2)$ (2) $\displaystyle\oint_C \dfrac{dz}{z\sin z}$ $(|z|=1)$

(3) $\displaystyle\oint_C \dfrac{\sin z}{(z^2-\pi^2)^2}\,dz$ $(|z-\pi|=1)$ (4) $\displaystyle\oint_C \dfrac{e^{iz}}{z^2(z-\pi)^2}\,dz$ $(|z|=2\pi)$

(5) $\displaystyle\oint_C \dfrac{e^z}{(z-\pi)^4}\,dz$ $(|z-\pi|=1)$ (6) $\displaystyle\oint_C \dfrac{dz}{(z-\alpha)^m(z-\beta)^n}$

$$\left(|\alpha|>|\beta|,\ |z|=\dfrac{|\alpha|+|\beta|}{2}\right)$$

(7) $\displaystyle\oint_C \dfrac{\cos z}{z}\,dz$ $(|z|=1)$ (8) $\displaystyle\oint_C \dfrac{\sin nz}{z^2}\,dz$ $(|z|=1)$

[6] $f(z)$ が

$$f(z)=\dfrac{(z-\beta_1)^{n_1}(z-\beta_2)^{n_2}}{(z-\alpha_1)^{m_1}(z-\alpha_2)^{m_2}} \qquad (n_i,m_j\text{ は正の整数})$$

で与えられるとき

(1) $\dfrac{f'(z)}{f(z)}=\dfrac{n_1}{z-\beta_1}+\dfrac{n_2}{z-\beta_2}-\dfrac{m_1}{z-\alpha_1}-\dfrac{m_2}{z-\alpha_2}$ となることを示せ．

(2) $\dfrac{1}{2\pi i}\displaystyle\oint_C \dfrac{f'(z)}{f(z)}\,dz=n_1+n_2-m_1-m_2$ を示せ．ただし C は $\alpha_1,\alpha_2,\beta_1,\beta_2$ を囲む

任意の閉曲線を正の向きに回るものとする．

(3) n_i,m_j を正の整数，α_i,β_j は互いに異なる複素数とするとき

$$f(z)=\dfrac{(z-\beta_1)^{n_1}(z-\beta_2)^{n_2}\cdots(z-\beta_l)^{n_l}}{(z-\alpha_1)^{m_1}(z-\alpha_2)^{m_2}\cdots(z-\alpha_k)^{m_k}}$$

の周回積分は，次の公式をみたすことを示せ．ただし C は α_i,β_j を囲む閉曲線を表わす．

$$\dfrac{1}{2\pi i}\oint_C \dfrac{f'(z)}{f(z)}\,dz=\sum_{i=1}^{l}n_i-\sum_{j=1}^{k}m_j$$

Coffee Break

ケーニヒスベルグの橋渡り

$\sqrt{-1}$ を表わすのに記号 i を使い始めたのは，スイス生まれの大数学者オイラーである．彼はこのほかにも，自然対数の底を e，円周率を π で表わすなど，現在普遍的に使われている記号を導入している．

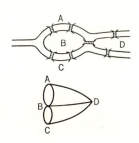

オイラーについては，ケーニヒスベルグの橋渡りと呼ばれる有名な問題がある．現在はソ連領となっているが，オイラーの時代プロシャの首都であったケーニヒスベルグは，図のように島を挟んで川が流れ，それに7つの橋がかかっていたそうである．そこで問題は「同じ橋を2度渡ることなしに，橋を全部渡ることは可能か」というものである．読者も図で試みてはいかがであろうか．オイラーは，この問題を下の図のような一筆書きの問題に直して考え，それが不可能であることを証明した．この例のように，図形のそれぞれの大きさや形を問題にせず，その関係だけを調べるものを位相幾何学という．

オイラーは微分積分学を発展させた人として有名であるが，位相幾何学の分野の開拓者でもあった．

関数の展開

　正則関数を実際の問題に応用するときは，しばしばそれをベキ級数に展開して扱うことがある．このときは級数の収束領域に注意することが重要である．コーシーが無限級数の収束に関する研究を発表したとき，その話を聞いていた老数学者ラプラスは，自分の著わした『天体力学』の中に現われるすべての級数の収束性を調べおわるまで，自宅に引きこもって人と会おうとしなかったという．この章では，正則関数のベキ級数展開について調べる．

94 —— **6** 関数の展開

6-1 複素数のベキ級数

z の多項式

$$S_n(z) = \alpha_0 + \alpha_1 z + \cdots + \alpha_n z^n \tag{6.1}$$

は，無限遠点を除く z の全平面で正則で，その微分は各項を微分して和をとったものに等しい（これを**項別微分可能**であるという）．さらに $S_n(z)$ の積分も，各項を積分して得られた値の和に等しい（**項別積分可能**）．

次に多項式 $S_n(z)$ を拡張して，無限個の z のベキ項からなる関数 $S(z)$

$$S(z) = \alpha_0 + \alpha_1 z + \cdots = \sum_{n=0}^{\infty} \alpha_n z^n \tag{6.2}$$

を考える．これを原点を中心とする z の**ベキ級数**（z のベキ項からなる無限級数）という．

多項式の場合とは異なり，無限個の項の和からなるベキ級数 $S(z)$ では，級数の各項が領域 $|z| < \infty$ で正則な関数であるにもかかわらず，$S(z)$ 自身は必ずしもこの領域で正則であるとは限らない．たとえば次の**無限級数**を

$$\sum_{n=0}^{\infty} z^n = 1 + z + z^2 + \cdots \tag{6.3}$$

を考えれば，すぐ後で示すようにこの級数は領域 $|z| < 1$ でのみ定義されて，そこで正則な関数を与える．したがって領域 $|z| < 1$ の外で (6.3) を取り扱えば，矛盾した結論に導かれる原因になる．この例のように，ベキ級数は，それが無限個の項の和で定義されることからくる特有な性質をもっている．以下ではこれらの諸性質を調べることにしよう．

ベキ級数の収束

領域 D の点 z において，級数の第 n 項までの和 $\alpha_0 + \alpha_1 z + \cdots + \alpha_n z^n$ を，$S_n(z)$ とおく．加える項の数を増やした（n を大きくした）とき，$S_n(z)$ がある値に限りなく近づく場合，与えられたベキ級数 $S(z)$ は点 z で**収束**するという．このとき $S(z)$ を極限値

6-1 複素数のベキ級数 —— 95

$$S(z) = \lim_{n \to \infty} S_n(z) \tag{6.4}$$

で定義する．ベキ級数(6.2)が領域 D の各点で収束するとき，この級数は **D で収束する**という．今後，ベキ級数(6.2)で関数 $S(z)$ を定義するというときは，$S(z)$ は(6.4)で与えられるものとする．

例題 6.1 ベキ級数 $\sum_{n=0}^{\infty} z^n$ の収束領域を求めよ．また与えられたベキ級数によって定義される関数を求めよ．

[解] $S_n(z) = \sum_{k=0}^{n} z^k = 1 + z + z^2 + \cdots + z^n$ とおいたとき

$$S_n(z) = \begin{cases} \dfrac{1-z^{n+1}}{1-z} & (z \neq 1) \\ n+1 & (z=1) \end{cases}$$

となる．ここで $\lim_{n \to \infty} z^n$ は，$|z| < 1$ のとき零に収束し，$|z| > 1$ で発散する．したがって与えられた級数 $\sum_{n=0}^{\infty} z^n$ は，領域 $|z| < 1$ で収束し，この領域で複素関数 $f(z)$

$$f(z) = \sum_{n=0}^{\infty} z^n = \frac{1}{1-z} \qquad (|z| < 1)$$

を与える．得られた関数 $f(z)$ は，$|z| < 1$ で正則で，$z=1$ に特異点をもつ．▮

ベキ級数の収束半径

例題 6.1 のベキ級数は，原点を中心とする半径 1 の円の内部で収束し，そこで正則な関数を与えた．またこの関数は，収束領域の境界円周 ($|z|=1$) 上に特異点をもっている．一般に原点を中心とするベキ級数(6.2)には，原点を中心とし，かつ与えられた級数に固有な半径をもつ円が存在し，その円の内部で収束することが示される．この円を与えられたベキ級数の**収束円**，その半径を**収束半径**という．ベキ級数によって定義された関数は，収束円の内部で正則で，かつ円周上に特異点をもつ．

ベキ級数の微分，積分については，次の重要な性質がある．

　1.　ベキ級数は収束円の内部で項別微分可能である．また，ベキ級数を項別微分して得られた新しい級数の収束半径は，元のベキ級数の収束半径に等しい．

　2.　ベキ級数は収束円の内部にある任意の曲線 C にそって項別積分できる．

96 ——— **6** 関数の展開

上に述べたことからわかるように，ベキ級数に関してはまずその収束半径を調べることが重要である．ベキ級数(6.2)の収束半径 r は，次の公式

$$(1) \quad \lim_{n \to \infty} \sqrt[n]{|\alpha_n|} \text{ が存在するとき，} \quad \frac{1}{r} = \lim_{n \to \infty} \sqrt[n]{|\alpha_n|}$$

$$(2) \quad \lim_{n \to \infty} \left| \frac{\alpha_{n+1}}{\alpha_n} \right| \text{ が存在するとき，} \quad \frac{1}{r} = \lim_{n \to \infty} \left| \frac{\alpha_{n+1}}{\alpha_n} \right|$$

(6.5)

から求められる(証明は略す)．

例題6.2 次のベキ級数の収束半径を求めよ．

$$(1) \quad \sum_{n=0}^{\infty} z^n \qquad (2) \quad \sum_{n=1}^{\infty} n z^{n-1} \qquad (3) \quad \sum_{n=1}^{\infty} \frac{1}{n^n} z^n$$

[解] (1) $\alpha_n = 1$，したがって(6.5)より，$\frac{1}{r} = \lim_{n \to \infty} \left| \frac{\alpha_{n+1}}{\alpha_n} \right| = 1$ となる．よって収束半径は1である．

(2) $\alpha_n = n$，したがって $\frac{1}{r} = \lim_{n \to \infty} \left| \frac{n+1}{n} \right| = 1$ となり，収束半径は1である．与えられたベキ級数は，(1)の級数を項別微分したものに等しいが，これらの2つの級数の収束半径が一致することがこれで確かめられた．

(3) $\alpha_n = \left(\frac{1}{n} \right)^n$，したがって $\frac{1}{r} = \lim_{n \to \infty} \sqrt[n]{\left(\frac{1}{n} \right)^n} = 0$ となり，収束半径は $r = \infty$ である． ∎

ここまでは原点を中心とするベキ級数を調べてきたが，上で得られた結果は任意の点 $z = z_0$ を中心とするベキ級数

$$\sum_{n=0}^{\infty} \alpha_n (z - z_0)^n = \alpha_0 + \alpha_1 (z - z_0) + \alpha_2 (z - z_0)^2 + \cdots \qquad (6.6)$$

に対しても成り立つ．このときの収束円は，z_0 を中心とする円になる．

<hr>

‖‖‖‖‖‖‖‖‖‖‖‖‖‖‖‖‖‖‖‖‖‖‖‖‖‖‖‖‖‖ **問　題6-1** ‖‖‖‖‖‖‖‖‖‖‖‖‖‖‖‖‖‖‖‖‖‖‖‖‖‖‖‖‖‖

1. 次のベキ級数の収束半径を求めよ．

$$(1) \quad \sum_{n=0}^{\infty} \frac{1}{2^{n+1}} z^n \qquad (2) \quad \sum_{n=1}^{\infty} n^2 e^{in\theta} z^n$$

6-2 正則関数のテイラー展開

前節ではベキ級数が，その収束円の内部で正則関数を与えることを示した．ここでは逆に，正則関数をベキ級数に展開することを考える．

$f(z)$ が点 z_0 を中心とする円 C（半径 ρ）の内部で正則であるとき，C の内部の1点 z における $f(z)$ の値は，コーシーの積分公式(5.1)を使えば，C にそった周回積分

$$f(z) = \frac{1}{2\pi i} \oint_C \frac{f(w)}{w-z} dw \tag{6.7}$$

で与えられる（図6-1）．ここで w は C 上の点，z は C 内の点だから，$|w-z_0|=\rho$, $|z-z_0|<\rho$ となり，$\left|\dfrac{z-z_0}{w-z_0}\right|<1$ が成り立つ．よって C 上の w と，C 内の z に対して

$$\frac{1}{w-z} = \frac{1}{(w-z_0)-(z-z_0)} = \frac{1}{w-z_0} \frac{1}{1-\dfrac{z-z_0}{w-z_0}}$$

は，無限級数

$$\frac{1}{w-z} = \frac{1}{w-z_0}\left\{1 + \frac{z-z_0}{w-z_0} + \cdots\right\} = \sum_{n=0}^{\infty} \frac{(z-z_0)^n}{(w-z_0)^{n+1}} \tag{6.8}$$

に展開できる．これを代入すれば，(6.7)は

$$f(z) = \frac{1}{2\pi i} \oint_C \left\{\sum_{n=0}^{\infty} \frac{f(w)(z-z_0)^n}{(w-z_0)^{n+1}}\right\} dw$$

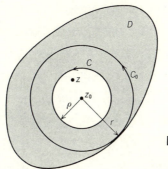

図 6-1

98 —— **6** 関数の展開

となり，周回積分の被積分関数は無限級数で与えられる．この無限級数は w について項別に積分できるから，(6.7)は

$$f(z) = \frac{1}{2\pi i} \sum_{n=0}^{\infty} (z-z_0)^n \oint_C \frac{f(w)}{(w-z_0)^{n+1}} \, dw \tag{6.9}$$

となる．ところでグルサーの公式(5.6)によれば，右辺の周回積分は

$$\oint_C \frac{f(w)}{(w-z_0)^{n+1}} \, dw = \frac{2\pi i}{n!} f^{(n)}(z_0) \tag{6.10}$$

と表わされるから，これを(6.9)に代入すれば

$$f(z) = \sum_{n=0}^{\infty} \frac{1}{n!} f^{(n)}(z_0)(z-z_0)^n$$

$$= f(z_0) + \frac{1}{1!} f^{(1)}(z_0)(z-z_0) + \frac{1}{2!} f^{(2)}(z_0)(z-z_0)^2 + \cdots \tag{6.11}$$

となり，$f(z)$ は点 z_0 を中心とするベキ級数に展開できることがわかる．これを z_0 を中心とする $f(z)$ の**テイラー**(Taylor)**展開**または**テイラー級数**という．

$f(z)$ が原点で正則であれば，原点を中心とするベキ級数に展開できるから，(6.11)で $z_0=0$ とおけば，

$$f(z) = \sum_{n=0}^{\infty} \frac{1}{n!} f^{(n)}(0) z^n = f(0) + \frac{f^{(1)}(0)}{1!} z + \frac{f^{(2)}(0)}{2!} z^2 + \cdots \tag{6.12}$$

となる．これを特に $f(z)$ の**マクローリン**(Maclaurin)**展開**という．

さてコーシーの定理によれば，複素積分ではその積分路を連続的に変形しても，変形の途中で積分路が被積分関数の特異点を横切らない限り，積分の値は変わらない．したがって(6.10)の周回積分で，z_0 を中心とする円 C の半径を大きくしても，その円が領域 D の内部に含まれる限り，周回積分は常に同じ値を与える．このことから $f(z)$ のテイラー展開で積分路 C としては，z_0 を中心とする円で D に含まれるもののうち，半径の最大のもの(これを C_0 とする)をとることができる(図6.1)．すなわち，C_0 の半径 r は，与えられた点 z_0 と z_0 に最も近い $f(z)$ の特異点 β との距離 $r=|z_0-\beta|$ で与えられる．ここで周回積分(6.9)の積分路 C として，半径が最大の C_0 をとれば，C_0 の内部の任意の点 z ($|z-z_0|<r$) で，$f(z)$ は点 z_0 を中心とするテイラー級数に展開できることにな

6-2 正則関数のテイラー展開 —— 99

る. この結果(6.11)のベキ級数展開は, $|z-z_0|<r$ を満たすすべての z に対して成り立つことになり, その収束半径は r に等しいことがわかる.

以上の結果をまとめれば

> 領域 D で正則な関数 $f(z)$ は, D 内の任意の点 z_0 を中心とするテイラー級数(6.11)に展開できる. この級数の収束半径は, 点 z_0 と z_0 に最も近い $f(z)$ の特異点 β までの距離 $|z_0-\beta|$ に等しい.

となる.

例題 6.3 次の関数の, 点 $z=0$ を中心とするテイラー展開を求めよ.

$$f(z) = \frac{1}{1-z}$$

[解] $f(z)$ は $z=1$ を除けば正則であるから, $z=0$ を中心とするテイラー級数に展開できる. ここで

$$f'(z) = \frac{1}{(1-z)^2}, \ f''(z) = \frac{2}{(1-z)^3}, \ \cdots, \ f^{(n)}(z) = \frac{n!}{(1-z)^{n+1}}, \ \cdots$$

より, $f^{(n)}(0)=n!$. ゆえに $z=0$ を中心とする $f(z)$ のテイラー展開は, 次式で与えられる.

$$f(z) = \sum_{n=0}^{\infty} \frac{f^{(n)}(0)}{n!} z^n = \sum_{n=0}^{\infty} z^n$$

このテイラー展開の収束半径は, $z=0$ と $z=1$ の距離に等しいから $r=1$. |

初等関数のテイラー展開

(1) 指数関数 e^z

$f(z)=e^z$ のとき, $f'(z)=e^z$, $f''(z)=e^z$, $\cdots$, $f^{(n)}(z)=e^z$, $\cdots$ より, $z=0$ では $f^{(n)}(0)=1$. したがって e^z の $z=0$ におけるテイラー展開は

$$e^z = \sum_{n=0}^{\infty} \frac{1}{n!} f^{(n)}(0) z^n = \sum_{n=0}^{\infty} \frac{1}{n!} z^n = 1+z+\frac{1}{2!} z^2+\cdots \quad (6.13)$$

となる. e^z は $z=\infty$ を除くすべての点で正則だから, この級数の収束半径 r は $r=\infty$ となる. したがって無限遠点を除くすべての z に対して, 上の級数は収束することがわかる.

100 —— **6** 関数の展開

(2) 三角関数 $\cos z$, $\sin z$

$f(z) = \cos z$ とおけば，$f'(z) = -\sin z$, $f''(z) = -\cos z$, $\cdots$. 一般に $f^{(2n)}(z) = (-1)^n \cos z$, $f^{(2n+1)}(z) = (-1)^{n+1} \sin z$ $(n=0,1,2,\cdots)$ より，$f^{(2n)}(0) = (-1)^n$, $f^{(2n+1)}(0) = 0$. したがって $\cos z$ の $z=0$ におけるテイラー展開は

$$\cos z = \sum_{n=0}^{\infty} \frac{(-1)^n}{(2n)!} z^{2n} = 1 - \frac{1}{2!} z^2 + \frac{1}{4!} z^4 + \cdots \tag{6.14}$$

となる．同様にして $\sin z$ の $z=0$ におけるテイラー展開は

$$\sin z = \sum_{n=0}^{\infty} \frac{(-1)^n}{(2n+1)!} z^{2n+1} = z - \frac{1}{3!} z^3 + \frac{1}{5!} z^5 + \cdots \tag{6.15}$$

で与えられる．$\cos z$, $\sin z$ は無限遠点を除くすべての z に対して正則であるから，テイラー級数 (6.14), (6.15) の収束半径 r は共に $r = \infty$ となる．

例題 6.4 $\cos z$ の $z = \dfrac{\pi}{2}$ におけるテイラー展開を求めよ．

[解] $\cos^{(2n)} z = (-1)^n \cos z$, $\cos^{(2n+1)} z = (-1)^{n+1} \sin z$ より，$\cos^{(2n)} \dfrac{\pi}{2} = 0$, $\cos^{(2n+1)} \dfrac{\pi}{2} = (-1)^{n+1}$. したがって求めるテイラー展開は

$$\cos z = \sum_{n=0}^{\infty} \frac{(-1)^{n+1}}{(2n+1)!} \left(z - \frac{\pi}{2}\right)^{2n+1}$$

で与えられる． ∎

━━━━━━━━━━━━━━━ 問 題 6-2 ━━━━━━━━━━━━━━━

1. 次の関数の与えられた点を中心とするテイラー展開を求めよ．

(1) $f(z) = \dfrac{1}{1-z}$ の，$z=3$ を中心とするテイラー展開

(2) $\cos z$ の $z = \pi$ を中心とするテイラー展開

6-3 ローラン展開

複素関数 $f(z)$ が，ある点 z_0 を中心とする半径 r_1 と r_2 $(r_2 > r_1)$ の同心円 C_1, C_2 に挟まれる円環領域で正則で，C_1, C_2 上で連続であるとする（図 6-2）．この

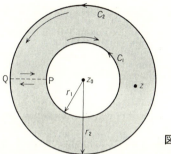

図 6-2

円環領域は 2 重連結領域であるが，円周 C_1, C_2 上に点 P, Q をとり，P, Q を結ぶ曲線で円環を区切れば，得られた領域は単連結になる．したがってコーシーの積分公式 (5.1) が適用できるから，円環内の 1 点 z で $f(z)$ は次の積分

$$f(z) = \frac{1}{2\pi i}\oint_{C_2}\frac{f(w)}{w-z}dw + \frac{1}{2\pi i}\int_{\overrightarrow{QP}}\frac{f(w)}{w-z}dw - \frac{1}{2\pi i}\oint_{C_1}\frac{f(w)}{w-z}dw$$
$$+ \frac{1}{2\pi i}\int_{\overrightarrow{PQ}}\frac{f(w)}{w-z}dw$$

で与えられる．ここで円周 C_1, C_2 にそった周回積分は共に反時計まわりにおこなうものとする．上式で右辺の第 2 項，第 4 項は互いに打ち消しあうから，$f(z)$ は 2 つの周回積分の差

$$f(z) = \frac{1}{2\pi i}\oint_{C_2}\frac{f(w)}{w-z}dw - \frac{1}{2\pi i}\oint_{C_1}\frac{f(w)}{w-z}dw \qquad (6.16)$$

で表わされる．

ここで (6.16) の右辺第 1 項では $|w-z_0|=r_2$，したがって $\left|\dfrac{z-z_0}{w-z_0}\right|<1$ が成り立ち，右辺第 2 項では $|w-z_0|=r_1$，したがって $\left|\dfrac{w-z_0}{z-z_0}\right|<1$ が成り立つから

第 1 項では $\quad \dfrac{1}{w-z} = \dfrac{1}{w-z_0-(z-z_0)} = \dfrac{1}{w-z_0}\sum_{n=0}^{\infty}\left(\dfrac{z-z_0}{w-z_0}\right)^n$

第 2 項では $\quad \dfrac{-1}{w-z} = \dfrac{1}{(z-z_0)-(w-z_0)} = \dfrac{1}{(z-z_0)}\sum_{n=0}^{\infty}\left(\dfrac{w-z_0}{z-z_0}\right)^n$

と展開できる．これを (6.16) に代入して，それぞれ項別積分すると，$f(z)$ は

102 —— **6** 関数の展開

$$f(z) = \sum_{n=0}^{\infty} a_n(z-z_0)^n + \sum_{n=1}^{\infty} a_{-n}(z-z_0)^{-n}$$

$$= \cdots + \frac{a_{-2}}{(z-z_0)^2} + \frac{a_{-1}}{z-z_0} + a_0 + a_1(z-z_0) + a_2(z-z_0)^2 + \cdots$$

(6.17)

となる. ここで a_n, a_{-n} は, それぞれ次の周回積分で与えられる.

$$a_n = \frac{1}{2\pi i} \oint_{C_2} \frac{f(w)}{(w-z_0)^{n+1}} dw \qquad (n=0,1,2,\cdots)$$

$$a_{-n} = \frac{1}{2\pi i} \oint_{C_1} f(w)(w-z_0)^{n-1} dw \qquad (n=1,2,\cdots)$$

(6.18)

(6.17)を $f(z)$ の $z=z_0$ を中心とする**ローラン** (Laurent)**展開**という.

ところでコーシーの定理によれば, (6.18)の周回積分で積分路 C_1, C_2 のかわりに, C_1 と C_2 の間にある任意の円 C(半径 r: $r_1 < r < r_2$)を積分路にとっても, 積分の値は変化しないから, a_n, a_{-n} はまとめて

$$a_n = \frac{1}{2\pi i} \oint_C \frac{f(w)dw}{(w-z_0)^{n+1}} \qquad (n=0,\pm1,\pm2,\cdots)$$ (6.19)

と表わすことができる.

今の場合, $f(z)$ は円 C_1 の内部のいたるところで正則であるとは限らないから, (6.18)の a_n(n が正の整数のときでも)を, $f^{(n)}(z_0)$ で表わすことはできないことに注意しよう. もし $f(z)$ が円環領域だけでなく C_1 の内部でも正則であれば, $f(z)$ は C の内部いたるところ正則だから, (6.19)の a_n は

$$a_n = \begin{cases} \dfrac{1}{n!} f^{(n)}(z_0) & (n=0,1,2,\cdots) \\ 0 & (n=-1,-2,\cdots) \end{cases}$$

となり, ローラン展開はテイラー展開に一致する.

例題 6.5 次の関数 $f(z)$ について

$$f(z) = \frac{1}{z(1-z)}$$

(1) 点 z($|z|<1$)における $f(z)$ を, 原点を中心とするローラン級数

6-3 ローラン展開 ─── 103

(2) 点 $z\,(|z-1|<1)$ における $f(z)$ を，$z=1$ を中心とするローラン級数に展開せよ.

[解] $f(z)$ の特異点は，$z=0$ と $z=1$ である.

(1) $z=0$ を中心とし，半径 $r\,(r<1)$ の円を C とする．このとき求めるローラン展開の係数 a_n は，(6.19) より

$$a_n = \frac{1}{2\pi i}\oint_C \frac{f(w)}{w^{n+1}}\,dw = \frac{1}{2\pi i}\oint_C \frac{dw}{w^{n+2}(1-w)}$$

で与えられる．$n+2\leqq 0$ のとき，被積分関数は C の内部で正則．よって $a_n=0$ $(n\leqq -2)$．一方，$n+2>0$ のとき，被積分関数は $w=0$ で $n+2$ 位の極をもつ．(5.16) を用いれば，$a_n=\mathrm{Res}\left[\dfrac{1}{w^{n+2}(1-w)}\right]_{w=0}=1$ となることがわかる．よって求めるローラン展開は

$$\frac{1}{z(1-z)} = \sum_{n=-1}^{\infty} a_n z^n = \frac{1}{z}+1+z+z^2+\cdots$$

で与えられる.

(2) $z=1$ を中心とし半径 $r\,(0<r<1)$ の円を C とする．$z=1$ を中心とするローラン展開の係数 a_n は

$$a_n = \frac{1}{2\pi i}\oint_C \frac{f(w)}{(w-1)^{n+1}}\,dw = -\frac{1}{2\pi i}\oint_C \frac{dw}{w(w-1)^{n+2}}$$

で与えられるから，(1) と同様にして $n\leqq -2$ のとき $a_n=0$, $n\geqq -1$ のとき $a_n=(-1)^n$ となる．よって求めるローラン展開は

$$\frac{1}{z(1-z)} = \sum_{n=-1}^{\infty}(-1)^n(z-1)^n = \sum_{n=-1}^{\infty}(1-z)^n$$

$$= \frac{1}{1-z}+1+(1-z)+(1-z)^2+\cdots$$

となる. ∎

ローラン級数 (6.17) の右辺第 2 項 $\sum_{n=1}^{\infty} a_{-n}(z-z_0)^{-n}$ を，ローラン展開の**主要部**と呼ぶ．$z=z_0$ での $f(z)$ の特異性は，この項によって特徴づけられるから，主要部の形によって $f(z)$ を次のように分類することができる.

(1) 主要部がないとき，$f(z)$ は $z=z_0$ で正則.

104 —— **6** 関数の展開

(2) 主要部が有限個の項からなるとき，それは $a_{-k} \neq 0$ として

$$\sum_{n=1}^{k} a_{-n}(z-z_0)^{-n} = \frac{a_{-1}}{z-z_0} + \cdots + \frac{a_{-k}}{(z-z_0)^k} \tag{6.20}$$

と書けるから，$f(z)$ は $z=z_0$ で k 位の極をもつ.

(3) 主要部が無限個の項からなるとき，それは

$$\sum_{n=1}^{\infty} a_{-n}(z-z_0)^{-n} = \frac{a_{-1}}{z-z_0} + \frac{a_{-2}}{(z-z_0)^2} + \cdots \tag{6.21}$$

と表わされる．このとき $z=z_0$ は $f(z)$ の真性特異点となり，$z \to z_0$ で $f(z)$ は一定の極限値をもたない.

━━━━━━━━━━━━━━━━━━━ 問　題 6-3 ━━━━━━━━━━━━━━━━━━━

1. 次の関数を，原点を中心とするローラン級数に展開せよ.

(1) $\dfrac{1}{z(1-z)^2}$　　(2) $\dfrac{e^z}{z^2}$

━━

第 6 章 演 習 問 題

[1] 関数 $f(z)$ について

$$f(z) = (z-\alpha)^m \qquad (m \text{ は正の整数})$$

(1) マクローリン級数に展開せよ.

(2) $z=\beta \, (\alpha \neq \beta)$ を中心とするテイラー級数に展開せよ.

[2] 関数 $f(z)$ について

$$f(z) = \frac{1}{(z-\alpha)^m} \qquad (\alpha \neq 0, \, m \text{ は正の整数})$$

(1) マクローリン級数に展開し，その収束半径を求めよ.

(2) $z=\beta \, (\alpha \neq \beta)$ を中心とするテイラー展開を求め，その収束半径を求めよ.

[3] $\sinh z$ のマクローリン級数を求めよ.

[4] 次のローラン展開の主要部を求めよ．

(1) 領域 $|z-i|<2$ で，$\dfrac{1}{z^2+1}$ の $z=i$ を中心とするローラン展開

(2) 領域 $\left|z-\dfrac{\pi}{2}\right|<\pi$ で，$\tan z$ の $z=\dfrac{\pi}{2}$ を中心とするローラン展開

[5] 次のベキ級数について
$$f(z)=\sum_{n=0}^{\infty}\left(\frac{2}{2-i}\right)^{n+1}\left(z-\frac{i}{2}\right)^n$$

(1) $f(z)$ の収束半径を求めよ．

(2) 領域 $\left|z-\dfrac{i}{2}\right|<\dfrac{\sqrt{5}}{2}$ で，$f(z)$ は関数 $g(z)=\dfrac{1}{1-z}$ に一致することを示せ．

したがって，$g(z)$ は $\left|z-\dfrac{i}{2}\right|<\dfrac{\sqrt{5}}{2}$ では $f(z)$ に一致し，$z=1$ を除くすべての点で定義された関数であるから，それはベキ級数 $f(z)$ の収束領域外への自然な拡張と考えられる．このような場合，$g(z)$ を $f(z)$ の **解析接続** と呼ぶ．

複素インピーダンス

本文では数学の話が多いので，ここでは，理工学の分野に現われる複素関数を，交流回路を例にとってみてみることにしよう．回路に電気抵抗だけがある場合の，電流と電圧の関係はオームの法則 $E=RI$ で与えられる．一方，右の図のような電気回路における電流 $I(t)$ と電圧 $E(t)=E_0\cos\omega t$ の関係は，2 階の線形常微分方程式で与えられることが知られている．これを

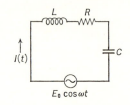

解くために，複素数の電流 I と電圧 E ($I\propto e^{i\omega t}$, $E\propto e^{i\omega t}$) を導入すれば，これらの間に複素形のオームの法則 $I=ZE$ が成り立つことがわかる．ここで Z は複素インピーダンスと呼ばれ，$Z(\omega)=R+L\omega i+\dfrac{1}{C\omega i}$ で与えられる．

ところで，実際の電流・電圧を表わす量は実数だから，それは上式の実部で与えられることになる．それにもかかわらず複素数の電流・電圧および複素インピーダンスを考える理由は，これを導入することによって 2 階の微分方程式が容易に解けること，さらには，もっと複雑な回路の電流・電圧関係も求めやすくなるからである．上でみたように Z は虚数 ωi の関数であるが，ここで ωi を複素数 z でおきかえて複素関数 $Z(z)$ を導入すれば，複素インピーダンスから正則関数が定義される．ここでは最も簡単な回路を例にとって，電気回路と正則関数の関係をみてみたが，回路を工夫することによって，いろいろな正則関数が複素インピーダンスとして実現されるのである．

7

多価関数とその積分

複素変数 z の1つの値に対して，関数の値が2つ以上対応するとき，これを多価関数という．この種の関数としては，整数ベキ以外のベキ関数・対数関数などが考えられる．多価関数を幾何学的に表わすには，新しい工夫が必要になる．そのためにあらたに複数の z 平面から作られる面を考える．これをリーマン面という．この章では，初等多価関数を導入し，それらの性質を調べることにしよう．

7-1 分数ベキ関数 $w=z^{1/2}$

関数 $w=z^{1/2}$ を考える．1-5節でみたように，z の2乗根 $w=z^{1/2}$ では，$z=re^{i\theta}$ $(0\leqq\theta<2\pi)$ に対して2個の異なる値 w_0, w_1

$$w_0 = r^{1/2}e^{i\theta/2}, \qquad w_1 = r^{1/2}e^{i(\theta/2+\pi)} \tag{7.1}$$

が対応する．すなわち，$w=z^{1/2}$ は z の2価関数であることがわかる(図7-1)．(7.1)で与えられた w_0, w_1 を，$w=z^{1/2}$ の**分枝**といい，w_0 を特に $z^{1/2}$ の**主値**という．

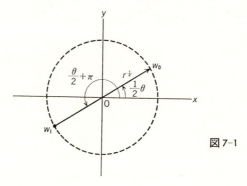

図7-1

さて z 平面で z が与えられた点Pから出発して，原点を反時計回りに1周して元の点Pに戻ったとき，z の偏角は 2π だけ増えて $\theta+2\pi$ になる．このとき各分枝の偏角は π だけ増えるから，w_0 は w_1，w_1 は w_0 に移る．

一般に z 平面上のある点を1周したとき，それに応じて多価関数 $w=f(z)$ の分枝が別の分枝に移るとき，この点を $w=f(z)$ の**分岐点**という．上でみたことからわかるように，$w=z^{1/2}$ では，原点が分岐点となる．

ところで2価関数 $w=z^{1/2}$ で，z の偏角 θ を $0\leqq\theta<2\pi$ に限定し，かつ2個の分枝のうちの1つ(たとえば主値)だけを考えれば，関数は1価になる．θ を上の範囲に制限することを幾何学的に表わすには，z 平面を原点から正の実軸にそって**切断**(cut)し，z が原点を1周できないようにすればよい(図7-2)．切断された z 平面で1つの分枝をとれば，それは1価関数になるから，前章までで

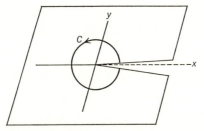

図 7-2

切断された z 平面

扱った関数と同様に，微分・積分することができる．さらに正則点のまわりでテイラー展開することも可能である．このとき分岐点は関数の特異点になる．

ここで切断の仕方は，1通りには決まらないことに注意しよう．たとえば $w=z^{1/2}$ の場合，z の偏角を $-\pi<\theta\leqq\pi$ に制限することも可能で，このときは切断は負の実軸にそっておこなわれる．重要なことは多価関数が与えられたとき，その関数に固有な性質は分岐点の位置であって，切断の仕方は1通りには決まらない．

一方，関数 $w=z^{1/2}$ を幾何学的に表わすためには，次のような方法が考えられる．そのために，たとえば正の実軸にそって切断された2枚の z 平面を用意し，これらを切断線にそってI番目とII番目，II番目とI番目を接合して，全体で1枚の面を作ることにする(図7-3)．このようにして作られた面を，$w=$

$w=z^{\frac{1}{2}}$ のリーマン面

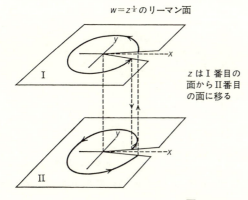

z はI番目の面からII番目の面に移る

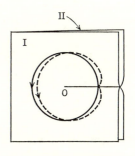

図 7-3

$z^{1/2}$ の**リーマン面**と呼ぶ．さらにリーマン面をつくる各平面には，異なる分枝が対応することにしよう．各平面では関数は1価であるから，$w=z^{1/2}$ はリーマン面全体で定義された1価関数になる．

図7-3の場合，Ⅰの平面には w_0 が，またⅡの平面には w_1 が対応するものとする．このときⅠの面上の点Pから出発し，原点を反時計回りに1周したとき，w は w_0 から w_1 に移るが，同時に z の位置もⅡの面上の対応する点に移ることになる．したがってリーマン面上の各点と関数の値とは1対1に対応することになり，$w=z^{1/2}$ の幾何学的表現が得られる．

$w=z^{1/2}$ に限らず，一般に n 価関数は n 枚の z 平面からなるリーマン面を作ることにより，これを幾何学的に表わすことができるようになる．

次に，関数 $w=\sqrt{(z-1)(z+1)}$ を考えよう．いま与えられた点 z に対して

$$z-1 = r_1 e^{i\theta_1}$$
$$z+1 = r_2 e^{i\theta_2} \quad \left(r_2=\sqrt{4+r_1^2+4r_1\cos\theta_1},\ \tan\theta_2=\frac{r_1\sin\theta_1}{2+r_1\cos\theta_1}\right)$$
(7.2)

とおけば，この点には2個の異なる w_+, w_-

$$w_+ = \sqrt{r_1 r_2}\, e^{i(\theta_1+\theta_2)/2}$$
$$w_- = \sqrt{r_1 r_2}\, e^{i(\theta_1+\theta_2+2\pi)/2} = -w_+ \quad (7.3)$$

が対応する(図7-4)．したがって w は2価関数で，w_+, w_- はその分枝である．

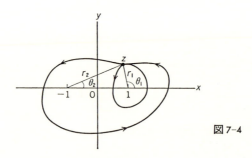

図7-4

ここで点 $z=1$ を中心とする半径1の円周にそって，z を反時計回りに1周させよう．このとき z は同じ点に戻るが，θ_1 は 2π だけ増えて $\theta_1+2\pi$ になる．一方，点 $z=-1$ はこの円の外にあるので，θ_2 は z が動くにつれて変化するが，z

7-2 対 数 関 数 ——— 111

が元の点に戻ったとき θ_2 も元の値に戻ることになり，与えられた円周を z が1周しても θ_2 の値は変化しない．よって $\theta_1+\theta_2$ は全体として 2π だけ変化し，w_+ は w_- に，w_- は w_+ に移る．同様に，点 $z=-1$ だけをその内部に含む閉曲線にそって1周しても，w_+，w_- はお互いに移り変わることがわかる．これに対して，点 $z=\pm1$ を共にその内部に含む閉曲線にそって反時計回りに1周すれば，θ_1,θ_2 は共に 2π だけ増えるから，$\theta_1+\theta_2$ は全体として 4π 増えて，w_+,w_- は元の値に戻る．

この結果，点 $z=\pm1$ は多価関数 $w=\sqrt{(z-1)(z+1)}$ の分岐点になること，さらに2つの分岐点 $z=\pm1$ を共にその内部に含む閉曲線にそって1周すれば，関数は元に戻ることがわかる．したがって分岐点 $z=\pm1$ を結ぶ任意の曲線にそって(たとえば実軸にそって $z=-1$ から $z=1$ まで) z 平面を切断し，切断された面上で w_+ または w_- の一方だけを考えれば，関数は1価になる．また上のように切断された2枚の z 平面から，$w=\sqrt{(z-1)(z+1)}$ のリーマン面をつくることができる．

▐▐▐▐▐▐▐▐▐▐▐▐▐▐▐▐▐▐▐▐▐▐▐▐▐▐▐ 問 題 7-1 ▐▐▐▐▐▐▐▐▐▐▐▐▐▐▐▐▐▐▐▐▐▐▐▐▐▐▐

1. $w=\sqrt{(z^2-1)(z^2+1)}$ の分岐点を求め，関数が1価になるように z 平面を切断せよ．

▐▐

7-2 対 数 関 数

$z=e^w$ のとき，z を変数とみれば w は z の関数になる．この関数を

$$w = \log z \tag{7.4}$$

で表わし，z の**対数関数**という．すなわち対数関数は，指数関数の逆関数として定義される．指数関数は周期 $2\pi i$ の周期関数であるから，与えられた z_0 に対して $w=w_0$ が対応するとき，$w_k=w_0+2k\pi i\,(k=0,\pm1,\pm2,\cdots)$ も同じ z_0 を与える．したがって $w=\log z$ は，z の無限多価関数であることがわかる．

対数関数 $w=\log z$ の分枝を求めるために, $z=e^w$ で
$$w = u+iv, \quad z = re^{i\theta} \tag{7.5}$$
とおけば, $re^{i\theta}=e^u e^{iv}$ となることから, 次の関係式
$$r = e^u, \quad e^{i\theta} = e^{iv} \tag{7.6}$$
が成り立つ. ここで u, r は共に実数だから, u は実関数の対数関数を使って $u=\log r$ で与えられる. 一方(7.6)の第2式からは
$$v = \theta + 2k\pi \quad (k=0, \pm 1, \pm 2, \cdots) \tag{7.7}$$
が得られる. この結果, w の無限個の分枝 w_k は
$$w_k = u_k + iv_k = \log r + i(\theta + 2k\pi) \tag{7.8}$$
で与えられることがわかる (図 7-5).

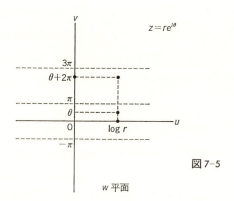

図 7-5

さて z 平面で原点のまわりを1周すれば, z の偏角は 2π 変化するから, それに応じて分枝も1つの分枝から他の分枝に移る. よって原点は $w=\log z$ の分岐点である. 前節でみたように, 多価関数を1価関数としてとり扱うには, z 平面を切断し切断された平面上で1つの分枝を選ぶことが必要である. $w=\log z$ では, 切断は正の実軸(または負の実軸)にそって行なえばよい.

ところで $w=\log z$ は, 分岐点のまわりを何回まわっても分枝はそのたびに別の分枝に移り, 決して元には戻らない. このような性質をもつ分岐点を**対数分岐点**と呼ぶ. これに対して前節で調べた分数ベキ関数 $w=z^{1/n}$ では, 分岐点を n 回まわれば分枝は元に戻る. この種の分岐点を**代数分岐点**と呼ぶ. 対数

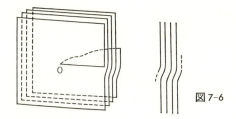

図7-6

関数のリーマン面は,無限枚の z 平面から作られる(図7-6).

例題 7.1 $w=\log(1+z)$ について

(1) $z=0$ で,$w=0$ となる分枝を求めよ.
(2) 上で求めた分枝を,$z=0$ を中心とするテイラー級数に展開せよ.

[解] (1) $1+z=1+x+iy=re^{i\theta}$, $r=\sqrt{(1+x)^2+y^2}$ $(-\pi<\theta\leqq\pi)$ とおく. ここで $z=0$ とおけば,$1=re^{i\theta}$ より,$r=1$,$\theta=0$. 一方 $\log(1+z)$ の分枝 w_k は,(7.8)で与えられる. これに $r=1$,$\theta=0$ を代入すれば $w_k=2k\pi i$ となる. よって $z=0$ で $w=0$ となる分枝は,$w_0=\log r+i\theta$ で与えられる.

(2) $w_k=\log r+(\theta+2k\pi)i$ のとき

$$\frac{dw_k}{dz}=\frac{1}{r}\cos\theta-\frac{i}{r}\sin\theta=\frac{1}{r}e^{-i\theta}=\frac{1}{1+z}$$

より,分枝の選び方によらず $\dfrac{d\log(1+z)}{dz}=\dfrac{1}{1+z}$ が成り立つ. これをさらに微分すれば $\log(1+z)$ の高階微分は

$$\frac{d^n\log(1+z)}{dz^n}=\frac{(-1)^{n-1}(n-1)!}{(1+z)^n}$$

であることがわかる. したがって,$z=0$ で $\dfrac{d^n\log(1+z)}{dz^n}\bigg|_{z=0}=(-1)^{n-1}(n-1)!$ となる. よって与えられた条件をみたす分枝 w_0 の $z=0$ を中心とするテイラー展開は

$$w_0=\sum_{n=1}^{\infty}\frac{(-1)^{n-1}}{n}z^n \qquad (7.9)$$

で与えられることがわかる. ∎

114 —— **7** 多価関数とその積分

||||||||||||||||||||||||||||||||||||||||||||||||||||||||||||||||| **問 題 7-2** |||||||||||||||||||||||||||||||||||||||||||||||||||||||||||||||||

1. 多価関数 $w = \log z$ で

(1) 正の実数 $z = a \, (a > 0)$ に対応する w のすべての値を求めよ.

(2) 負の実数 $z = -a \, (a > 0)$ に対応する w のすべての値を求めよ.

|||||||||||||||||||||||||||||||||||||||||||||||||||||||||||||||||||||||||||||||||||||||||||||||||||||||||||||||||||||||||||||||||||

7-3 その他の多価関数

逆三角関数・逆双曲線関数

三角関数，双曲線関数の逆関数を**逆三角関数**，**逆双曲線関数**と呼んで，$\sin^{-1}z$, $\cos^{-1}z$, $\sinh^{-1}z$, $\cosh^{-1}z$, $\cdots$ で表わす．すなわち $z = \sin w$, $z = \cos w$ で，w を z の関数とみたものが逆三角関数，$z = \sinh w$, $z = \cosh w$ で，w を z の関数とみたものが逆双曲線関数である．

三角関数は周期 2π をもつ周期関数だから，たとえば，$z = z_0$ が与えられたとき，$z_0 = \sin w$ をみたす w を w_0 とすれば，$w_k = w_0 + 2k\pi \, (k$ は整数$)$ もまた上の式を満足する．この結果 $w = \sin^{-1}z$ では与えられた z に対して，無限個の w が対応することになり，$\sin^{-1}z$ は無限多価関数である．同様に，他の逆三角関数および逆双曲線関数も無限多価関数であることがわかる．

$z = \sin w = \dfrac{e^{iw} - e^{-iw}}{2i}$ を，w について解けば

$$w = \frac{1}{i} \log (iz + \sqrt{1-z^2}) = \sin^{-1}z$$

となる．同様にして，他の逆三角関数・逆双曲線関数も，対数関数を用いて

$$\sin^{-1}z = \frac{1}{i} \log (iz + \sqrt{1-z^2}), \qquad \cos^{-1}z = \frac{1}{i} \log (z + \sqrt{z^2-1})$$

$$\tan^{-1}z = \frac{1}{2i} \log \frac{1+iz}{1-iz}, \qquad \cot^{-1}z = \frac{1}{2i} \log \frac{z+i}{z-i}$$

$$\sinh^{-1}z = \log (z + \sqrt{z^2+1}), \qquad \cosh^{-1}z = \log (z + \sqrt{z^2-1})$$

$$\tanh^{-1}z = \frac{1}{2} \log \frac{1+z}{1-z}, \qquad \coth^{-1}z = \frac{1}{2} \log \frac{z+1}{z-1} \qquad (7.10)$$

と表わされる.

一般のベキ関数

実変数 x の a 乗(a は実数) x^a は,$e^{a\log x}$ に等しい.これを拡張して,複素変数 z の一般のベキ関数 z^α (α は複素数)を

$$z^\alpha = e^{\alpha \log z} \tag{7.11}$$

で定義する.$\log z$ は多価関数であるから,z^α も α が整数の場合を除けば多価関数になる.(7.11)で $z=re^{i\theta}$ とおけば,$\log z=\log r+i(\theta+2k\pi)$ となるから,z^α は

$$z^\alpha = e^{\alpha \log z} = e^{\alpha(\log r+i\theta)}e^{2k\alpha\pi i} \qquad (k=0,\pm 1,\cdots) \tag{7.12}$$

と表わされる.

──────────────── **問 題 7-3** ────────────────

1. 次の値を求めよ.

   (1) $\sin^{-1}0$ (2) $\cos^{-1}0$ (3) $\cosh^{-1}1$ (4) 1^i

─────────────────────────────────────

7-4 多価関数の積分

本節では2つの多価関数を例にとって,その複素積分を調べてみよう.

(1) $\displaystyle\oint_C \frac{dz}{\sqrt{(z-a)(z-b)}}$ (a,b は実数で,$b>a$)

積分路 C は,点 $z=a$ と $z=b$ をその内部に含む閉曲線を,反時計回りに1周するものとする(図7-7).被積分関数は,分岐点 $z=a, z=b$ をもち,それ以外

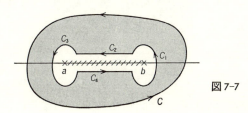

図7-7

116 ——— **7** 多価関数とその積分

には分岐点をもたない2価関数である．切断は点 a, b を結ぶ任意の曲線にそっ
て行なえるから，ここでは実軸にそって点 a から b まで切断することにする．
このとき積分路は切断を横切らないので，切断された z 平面上で1つの分枝を
選べば，1価関数の積分としてとり扱うことができる．ここでは実軸上の点 x
$(x>b>a)$ で，被積分関数が $\dfrac{1}{\sqrt{(x-a)(x-b)}}$ となる分枝を選ぶことにしよう．
$z-a=r_1e^{i\theta_1}$, $z-b=r_2e^{i\theta_2}$ とおけば，条件を満たす分枝は

$$\frac{1}{\sqrt{(z-a)(z-b)}}=\frac{1}{\sqrt{r_1r_2}}e^{-i(\theta_1+\theta_2)/2}$$

で与えられる．

　さて与えられた周回積分を2通りの方法で求めてみよう．まずコーシーの定
理によれば，積分路 C を曲線 C_1, C_2, C_3, C_4 からなる積分路に変形することが
できるから（図7-7），求める積分は

$$\int_{C_1}\frac{dz}{\sqrt{(z-a)(z-b)}}+\int_{C_2}\frac{dz}{\sqrt{(z-a)(z-b)}}+\int_{C_3}\frac{dz}{\sqrt{(z-a)(z-b)}}+\int_{C_4}\frac{dz}{\sqrt{(z-a)(z-b)}}$$

と表わされる．ここで C_1, C_3 はそれぞれ点 b, a を中心とする半径 $\varepsilon\,(\varepsilon\ll1)$ の小
円とする．C_1 上の積分では，$z-b=\varepsilon e^{i\theta}\,(-\pi<\theta\leqq\pi)$ ととれるので，$r_2=\varepsilon$, θ_2
$=\theta$ となり

$$\left|\int_{C_1}\frac{dz}{\sqrt{(z-a)(z-b)}}\right|=\left|\int_{-\pi}^{\pi}\frac{i\varepsilon}{\sqrt{r_1\varepsilon}}e^{-i(\theta_1-\theta)/2}d\theta\right|\leqq\int_{-\pi}^{\pi}\frac{\sqrt{\varepsilon}}{\sqrt{r_1}}d\theta$$

が成り立つ．上の積分で r_1 は，不等式 $r_1>\sqrt{b-a-\varepsilon}$ をみたすから，$\varepsilon\to0$ の極
限で

$$\lim_{\varepsilon\to0}\left|\int_{C_1}\frac{dz}{\sqrt{(z-a)(z-b)}}\right|=0$$

となる．同様にして C_3 上の積分についても $\displaystyle\lim_{\varepsilon\to0}\left|\int_{C_3}\frac{dz}{\sqrt{(z-a)(z-b)}}\right|=0$ が成り
立つ．次に，C_2 上では，$x-a=r_1e^{i\theta_1}$, $x-b=r_2e^{i\theta_2}\,(a\leqq x\leqq b)$ より，$r_1=x-a$,
$\theta_1=0$, $r_2=b-x$, $\theta_2=\pi$, $dz=dx$ となるから，積分は

$$\int_{C_2}\frac{dz}{\sqrt{(z-a)(z-b)}}=\int_b^a\frac{dx}{\sqrt{(x-a)(b-x)}}e^{-i\pi/2}=i\int_a^b\frac{dx}{\sqrt{(x-a)(b-x)}}$$

となる．z が C_2 上から C_4 上に移るときは，点 $z=a$ を反時計方向に1周する
から，θ_1 は 2π 増加し θ_2 は変化しない．したがって C_4 上では，$r_1=x-a$, $\theta_1=$

7-4 多価関数の積分 —— 117

2π, $r_2=b-x$, $\theta_2=\pi$, $dz=dx$ となり，積分は

$$\int_{C_4}\frac{dz}{\sqrt{(z-a)(z-b)}} = \int_a^b \frac{dx}{\sqrt{(x-a)(b-x)}}e^{-3i\pi/2} = i\int_a^b \frac{dx}{\sqrt{(x-a)(b-x)}}$$

に等しい．これらの結果を加えれば，求める積分は

$$\oint_C \frac{dz}{\sqrt{(z-a)(z-b)}} = 2i\int_a^b \frac{dx}{\sqrt{(x-a)(b-x)}} \tag{7.13}$$

と表わされることがわかる.

一方，積分路 C として，原点を中心とする半径 R（R は十分大きいものとする）を考える．ここで $z=\dfrac{1}{w}$ とおけば，$\sqrt{(z-a)(z-b)}=\dfrac{1}{w}\sqrt{(1-wa)(1-wb)}$，$dz=-\dfrac{dw}{w^2}$ から，与えられた周回積分は

$$\oint_C \frac{dz}{\sqrt{(z-a)(z-b)}} = -\oint_{C'} \frac{dw}{w\sqrt{(1-wa)(1-wb)}}$$

と変形される．上式で C' は，w 平面の原点を中心とする半径 $\dfrac{1}{R}$ の円周$\Big(\dfrac{1}{R}\ll 1$ より，$\dfrac{1}{R}<\dfrac{1}{b}<\dfrac{1}{a}\Big)$を，時計回りに1周する閉曲線を表わす．$C'$ に囲まれる領域では被積分関数は，$w=0$ で1位の極をもち，それ以外の特異点をもたないから

$$\oint_{C'} \frac{dw}{w\sqrt{(1-wa)(1-wb)}} = -2\pi i\,\mathrm{Res}\Big[\frac{1}{w}\frac{1}{\sqrt{(1-wa)(1-wb)}}\Big]_{w=0} = -2\pi i$$

となる（負の符号は積分を時計回りに行なうことによる）．したがって

$$\oint_C \frac{dz}{\sqrt{(z-a)(z-b)}} = 2\pi i \tag{7.14}$$

(7.13)と(7.14)は同じ複素積分を2通りの方法で求めたものである．これから次の実関数の定積分の公式が得られる.

$$\int_a^b \frac{dx}{\sqrt{(x-a)(b-x)}} = \pi \tag{7.15}$$

(2) $\displaystyle\oint_C \frac{z^p}{z+1}dz$　　（$-1<p<0$, $C: |z+1|=\varepsilon<1$）

被積分関数は $z=-1$ で1位の極，$z=0$ で分岐点をもつ．いま実軸の正の方向にそって z 平面を切断しよう．$z=re^{i\theta}$ とおいて，z^p として次の分枝

$$z^p = e^{p(\log r+i\theta)}$$

をとることにする．このとき切断されたz平面上で被積分関数は1価になるから，求める積分は，$z=-1$における被積分関数の留数に等しい．したがって

$$\oint_C \frac{z^p}{z+1}dz = 2\pi i \lim_{z\to -1} z^p$$

となる．上で選んだ分枝はこの点で，$(-1)^p = e^{p(\log 1 + i\pi)} = e^{p\pi i}$ となり

$$\oint_C \frac{z^p}{z+1}dz = 2\pi i e^{p\pi i} \tag{7.16}$$

が得られる．

一方，積分の値を変えることなく，積分路を曲線C_1, C_2, C_3, C_4からなる閉曲線に変形できるから(図7-8)

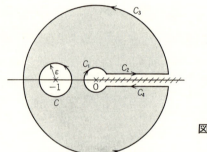

図7-8

$$\oint_C \frac{z^p}{z+1}dz = \sum_{k=1}^{4} \int_{C_k} \frac{z^p}{z+1}dz$$

が成り立つ．ここでC_1, C_3は原点を中心とする半径$\rho, R(\rho\ll 1, R\gg 1)$の同心円を表わすものとする．$C_1$上では$z=\rho e^{i\theta}(\theta:2\pi\to 0)$から，不等式

$$\left|\int_{C_1} \frac{z^p}{z+1}dz\right| \leq \rho^{p+1}\int_0^{2\pi} \frac{d\theta}{|\rho e^{i\theta}+1|} < \frac{2\pi\rho^{p+1}}{1-\rho}$$

となり，$p+1>0$だから$\rho\to 0$でこの項は零になる．同様にして，C_3上では$z=Re^{i\theta}(\theta:0\to 2\pi)$から，不等式

$$\left|\int_{C_3} \frac{z^p}{z+1}dz\right| \leq \frac{2\pi R^{p+1}}{R-1}$$

が成り立つ．ここで$p<0$を考慮すれば，$R\to\infty$で右辺は零になるから，積分

第 7 章演習問題 ——— 119

路 C_3 からの寄与も零になる．次に C_2 上では $z=x$, C_4 上では $z=xe^{2\pi i}$ より

$$\int_{C_2}\frac{z^p}{z+1}\,dz = \int_\rho^R \frac{x^p}{x+1}\,dx,$$

$$\int_{C_4}\frac{z^p}{z+1}\,dz = -e^{2p\pi i}\int_\rho^R \frac{x^p}{x+1}\,dx$$

となる．この結果 $\rho\to 0$, $R\to\infty$ で，求める積分は

$$\oint_C \frac{z^p}{z+1}\,dz = (1-e^{2p\pi i})\int_0^\infty \frac{x^p}{x+1}\,dx \tag{7.17}$$

で与えられることがわかる．(7.16) と (7.17) から

$$\int_0^\infty \frac{x^p}{x+1}\,dx = -\frac{\pi}{\sin p\pi} \tag{7.18}$$

となり，多価関数の積分から実関数の定積分が求められる．

第 7 章 演 習 問 題

[1] 次の値を求めよ．

(1) $\log(1+i)$ (2) $\log i$ (3) $\tan^{-1}1$

(4) $\tanh^{-1}(-i)$ (5) $\coth^{-1}\sqrt{3}\,i$ (6) i^i

[2] 次の多価関数の分岐点を求め，z 平面を切断せよ．

$$\sqrt{z(z^2+1)}$$

[3] 次の多価関数の微分を求めよ．

(1) $\sin^{-1}z$ (2) $\cos^{-1}z$ (3) $\tan^{-1}z$

(4) $\sinh^{-1}z$ (5) $\cosh^{-1}z$ (6) z^α

[4] 次の関数のマクローリン展開を求めよ．

(1) $\sin^{-1}z$ (2) $\tan^{-1}z$ (3) $(1+z)^\alpha$

[5] (1) 次の周回積分

$$\oint_C \frac{\log(z+i)}{z^2+1}\,dz$$

を実行せよ．ただし C は実軸上の $-R$ から R までの積分と，原点を中心とする

半径 R の上半円 Γ からなるものとする.

(2) 次の定積分の値を求めよ.
$$\int_0^\infty \frac{\log(1+x^2)}{1+x^2} dx$$

境界値問題と等角写像

　流体力学では流体の流れの様子を表わす関数として，正則関数からなる複素ポテンシャルを導入する．このような複素ポテンシャルは，理工学の他の分野，例えば静電気学などにおけるポテンシャル問題を議論する際にも導入されている．これらのポテンシャル問題で出会う境界値問題を解くには，正則関数の特徴を十分に活用するのが有効な方法である．本章では境界値問題の解き方と等角写像について述べることにしよう．

8-1 境界値問題

すでに 2-4 節 (35 ページ) で述べたように,理工学のいろいろな分野で,2 次元のポテンシャル問題を解くことが必要になる.この問題は,領域 D でラプラスの方程式

$$\left(\frac{\partial^2}{\partial x^2}+\frac{\partial^2}{\partial y^2}\right)\phi(x,y) = 0 \tag{8.1}$$

をみたし,かつ D の境界で与えられた条件を満足する関数 ϕ を求めるものである.このとき,D の境界で ϕ がみたすべき条件を**境界条件**という.またこのような問題を,**境界値問題**という.境界値問題の取扱いに慣れるために,ここで 2 つの例題を解いてみよう.

例題 8.1 領域 $D\,(0<y<a,\ -\infty<x<\infty)$ で,ラプラスの方程式

$$\left(\frac{\partial^2}{\partial x^2}+\frac{\partial^2}{\partial y^2}\right)\phi(x,y) = 0$$

をみたし,D の境界 $y=0$ と $y=a$ で,境界条件

$$\phi(x,0) = \phi_1, \qquad \phi(x,a) = \phi_2$$

を満足する関数 ϕ を求めよ (図 8-1).ただし ϕ_1, ϕ_2 は実定数とする.

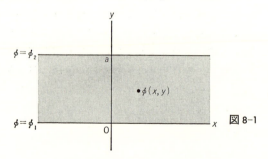

図 8-1

[解] 領域 D は x 方向には無限の長さをもち,D の境界 $y=0$ と $y=a$ で,$\phi(x,y)$ は x に無関係な値 ϕ_1, ϕ_2 に等しくなるので,領域内のいたるところで $\phi(x,y)$ は x によらないことがわかる.よって ϕ の方程式は

8-1 境界値問題 —— 123

$$\left(\frac{\partial^2}{\partial x^2}+\frac{\partial^2}{\partial y^2}\right)\phi(x,y)=\frac{d^2\phi}{dy^2}=0$$

となるから，これはただちに積分できて，その解は

$$\phi=c_1y+c_2$$

で与えられる．境界条件 $\phi(x,0)=\phi_1$, $\phi(x,a)=\phi_2$ を満足するように積分定数 c_1,c_2 をとれば，$c_1=\dfrac{\phi_2-\phi_1}{a}$, $c_2=\phi_1$ となる．したがって求める解 $\phi(x,y)$ は

$$\phi=\frac{\phi_2-\phi_1}{a}y+\phi_1$$

で与えられる．ここで $\phi(x,y)$ に共役な調和関数を $\psi(x,y)$ とすれば，ϕ と ψ はコーシー・リーマンの微分方程式で関係づけられているので，ψ は

$$\frac{\partial\psi}{\partial y}=\frac{\partial\phi}{\partial x}=0,\qquad \frac{\partial\psi}{\partial x}=-\frac{\partial\phi}{\partial y}=-\frac{\phi_2-\phi_1}{a}$$

をみたす．これを積分して，

$$\psi=-\frac{\phi_2-\phi_1}{a}x$$

が得られる．次に ϕ と ψ から複素関数 $f=\phi+i\psi$ を定義すれば，f が正則関数になることはすでに述べたところである（2-4 節，33 ページ）．求めた ϕ と ψ を f に代入すると，複素変数 z の正則関数 $f(z)$

$$f(z)=\frac{\phi_2-\phi_1}{a}(y-ix)+\phi_1=-i\frac{\phi_2-\phi_1}{a}z+\phi_1 \tag{8.2}$$

が得られる．▮

例題 8.2 原点を中心とする半径 r_1, r_2（ただし $r_1<r_2$）の同心円に挟まれる領域 D で，ラプラスの方程式をみたし，内側と外側の円周上で，その値がそれぞれ ϕ_1, ϕ_2（ϕ_1, ϕ_2 は実定数）に等しい関数 ϕ を求めよ（図 8-2）．

[解] 極座標を用いれば，ラプラスの方程式は

$$\frac{\partial^2\phi}{\partial r^2}+\frac{1}{r}\frac{\partial\phi}{\partial r}+\frac{1}{r^2}\frac{\partial^2\phi}{\partial\theta^2}=0$$

となる（第 2 章演習問題 3）．境界条件が θ によらないので，求める ϕ は r だけの関数で与えられることがわかる．よって ϕ の方程式は

8 境界値問題と等角写像

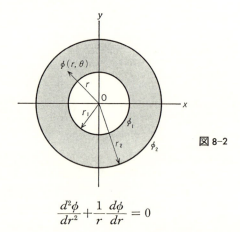

図 8-2

$$\frac{d^2\phi}{dr^2}+\frac{1}{r}\frac{d\phi}{dr}=0$$

となり，その解は $\phi=a\log r+b$ となる．与えられた境界条件 $\phi_1=a\log r_1+b$, $\phi_2=a\log r_2+b$ をみたすように，積分定数 a,b をとれば

$$a=\frac{1}{\log(r_1/r_2)}(\phi_1-\phi_2), \quad b=\frac{1}{\log(r_1/r_2)}(\phi_2\log r_1-\phi_1\log r_2)$$

となる．したがって求める解は

$$\phi=\frac{1}{\log(r_1/r_2)}\{(\phi_1-\phi_2)\log r+(\phi_2\log r_1-\phi_1\log r_2)\}$$

で与えられる．例題 8.1 と同様に，ϕ に共役な調和関数 ψ を求めよう．極座標 (r,θ) でのコーシー・リーマンの微分方程式(第 2 章演習問題 3)を使えば，ψ の微分方程式は

$$\frac{\partial\psi}{\partial r}=-\frac{1}{r}\frac{\partial\phi}{\partial\theta}=0, \quad \frac{\partial\psi}{\partial\theta}=r\frac{\partial\phi}{\partial r}=\frac{1}{\log(r_1/r_2)}(\phi_1-\phi_2)$$

となる．これを積分して

$$\psi=\frac{\phi_1-\phi_2}{\log(r_1/r_2)}\theta$$

が得られる．また ϕ と ψ から定義された正則関数 $f=\phi+i\psi$ は，

$$f=\frac{\phi_1-\phi_2}{\log(r_1/r_2)}\log z+\frac{\phi_2\log r_1-\phi_1\log r_2}{\log(r_1/r_2)} \tag{8.3}$$

で与えられることがわかる．

8-1 境界値問題 —— 125

　さてこのあたりで，理工学の分野で出あう境界値問題を，具体的にみてみることも有意義であろう．ここでは流体力学と静電気の場合を例にとって調べてみることにする．

流体力学

　粘性をもたない流体を**完全流体**という．縮まない完全流体が**渦無し**の状態で流れるときの様子は，次の微分方程式

$$\text{div}\,\vec{V} = 0, \qquad \text{rot}\,\vec{V} = 0 \tag{8.4}$$

から求められる．ここで $\vec{V}$ は流れの速度を表わすベクトル場(その成分が位置座標の関数であるベクトル)である．特に流れの方向が1つの平面に平行であるとき，この流れは**2次元的**であるという．その平面を xy 平面に選べば，速度ベクトル場 $\vec{V}$ の成分は

$$\vec{V} = (V_x(x, y),\, V_y(x, y),\, 0)$$

で表わされる．平面に垂直な方向には流体は流れないから，その方向の $\vec{V}$ の成分は零になることに注意しよう．このとき上の微分方程式は

$$\frac{\partial}{\partial x} V_x + \frac{\partial}{\partial y} V_y = 0, \qquad \frac{\partial}{\partial x} V_y - \frac{\partial}{\partial y} V_x = 0$$

となる．ここで $V_x = \dfrac{\partial u}{\partial x}$，$V_y = \dfrac{\partial u}{\partial y}$ とおけば，上の第2式は自動的にみたされる．次にこれを第1式に代入すれば，u はラプラスの方程式

$$\left(\frac{\partial^2}{\partial x^2} + \frac{\partial^2}{\partial y^2} \right) u(x, y) = 0$$

をみたすことがわかる．ここで導入した $u(x, y)$ を，**速度ポテンシャル**と呼ぶ．速度ポテンシャル u が求まれば，速度ベクトル $\vec{V}$ は u の微分で与えられる．したがって流体力学では，実際の流れに対応する境界条件を考え，これを満足するように速度ポテンシャルを求めることが必要となる．

　u に共役な調和関数を $v(x, y)$ (これを**流れの関数**という)としたとき，u と v からつくられた正則関数 $f = u + iv$ を，**複素速度ポテンシャル**と呼ぶ．このとき $u(x, y) = $ 一定 は**等ポテンシャル線**を，また $v(x, y) = $ 一定 は流体がそれにそって流れる曲線(**流線**)を表わす．

静 電 気

真空中で静的(時間によらない)な電場 $\vec{E}$ は,微分方程式

$$\text{div}\,\vec{E} = 0, \quad \text{rot}\,\vec{E} = 0 \tag{8.5}$$

をみたす.流体力学の場合と同様にして,$\vec{E}$ が2次元的である場合,複素ポテンシャル $f=u+iv$ を導入することができる.このときも u,v は,互いに共役な調和関数であり(したがって f は正則),$u=$ 一定 は等ポテンシャル線,$v=$ 一定 は**電束線**を表わす.このとき電場 $\vec{E}$ は,u(または v)から,$E_x = -\dfrac{\partial u}{\partial x} = -\dfrac{\partial v}{\partial y}$,$E_y = -\dfrac{\partial u}{\partial y} = \dfrac{\partial v}{\partial x}$ で与えられる.

これまで述べてきたことからわかるように,流体力学や静電気における複素ポテンシャルを求める問題は,与えられた境界条件をみたす正則関数を求める問題になる.

複素ポテンシャルの例

境界値問題の例題 8.1 と 8.2 で求められた複素関数 f を,複素ポテンシャルとしてもつ流体の流れの様子を調べてみよう.

(1) (8.2)式で,係数を一般的に複素数 $\alpha\,(=|\alpha|e^{-i\gamma})$ でおきかえれば

$$f = \alpha z = |\alpha|\{(x\cos\gamma + y\sin\gamma) + i(y\cos\gamma - x\sin\gamma)\}$$

となり,実部 u と虚部 v は

$$u = |\alpha|(x\cos\gamma + y\sin\gamma), \quad v = |\alpha|(-x\sin\gamma + y\cos\gamma) \tag{8.6}$$

で与えられる.このとき等ポテンシャル線は,方程式 $x\cos\gamma + y\sin\gamma =$ 一定,

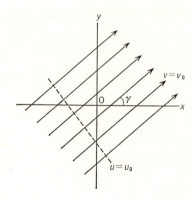

図 8-3

流線は，方程式 $-x\sin\gamma+y\cos\gamma=$ 一定 で与えられて，それらの直線族は互いに直交していることがわかる．この場合には流体は x 軸と角度 γ をなす方向に流れる（図 8-3）．

(2) 例題 8.2 の関数 $f=a\log z=a\{\log r+i(\theta+2n\pi)\}$ $(a>0)$ の実部 u と虚部 v は

$$u=a\log r, \qquad v=a(\theta+2n\pi) \tag{8.7}$$

となり，等ポテンシャル線は $r=$ 一定 の円となる．また流線は $\theta=$ 一定 で表わされるので，原点から放射状にでる直線族で与えられる．したがって流体は，原点に湧点をもつ流れとなる（図 8-4）．

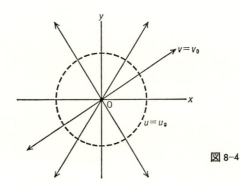

図 8-4

さてここで境界値問題に話をもどすことにしよう．例題 8.1, 8.2 のように，境界の形と境界条件が簡単な場合は，境界値問題を直接解くことが可能であった．しかし条件がもっと複雑な場合には，境界値問題の解を直接求めることは難しくなる．以下の節では，もっと一般的な境界条件をもつ境界値問題の解き方を調べることにする．この際，正則関数の性質が重要な役割を果たすことに注目しよう．

━━━━━━━━━━━━ 問 題 8-1 ━━━━━━━━━━━━

1. 複素ポテンシャル $f(z)=z$ および $f(z)=q\log z$ $(q>0)$ で表わされる電場 $\vec{E}$

を求めよ．

8-2 円周を境界とする場合

本節では円周を境界とする境界値問題を考え，その解の求め方を調べよう．まず $f(z)$ が原点を中心とする半径 R の円 C の内部と円周上で正則であるとする．円の内部の任意の点を $z=re^{i\theta}\,(r<R)$ とおけば，コーシーの積分公式から（図 8-5），$f(z)$ は次の周回積分

$$f(z) = f(re^{i\theta}) = \frac{1}{2\pi i}\oint_C \frac{f(\zeta)}{\zeta-z}d\zeta \tag{8.8}$$

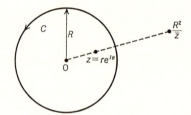

図 8-5

で与えられる．次に点 $R^2/\bar{z}$ を考えれば，この点は円 C の外部にあるから，コーシーの定理によって

$$0 = \frac{1}{2\pi i}\oint_C \frac{f(\zeta)}{\zeta-R^2/\bar{z}}d\zeta \tag{8.9}$$

となる．(8.8) と (8.9) の差をとれば

$$f(z) = \frac{z\bar{z}-R^2}{2\pi i\bar{z}}\oint_C \frac{f(\zeta)}{(\zeta-z)(\zeta-R^2/\bar{z})}d\zeta$$

が得られる．ここで $z=re^{i\theta}$，$\zeta=Re^{i\phi}$ とおくと，$f(z)$ は

$$f(re^{i\theta}) = \frac{R^2-r^2}{2\pi}\int_0^{2\pi}\frac{f(Re^{i\phi})}{R^2+r^2-2Rr\cos(\theta-\phi)}d\phi \tag{8.10}$$

と表わされる．これを**円に対するポアッソンの積分公式**と呼ぶ．この公式をつかえば，円内の任意の点 z における $f(z)$ の値は，円周上の f の値から求める

8-2 円周を境界とする場合 —— 129

ことができる.

特に円の中心での f の値は

$$f(0) = \frac{1}{2\pi}\int_0^{2\pi} f(Re^{i\phi})d\phi \tag{8.11}$$

となり，これは(5.3)で $z_0 = 0$ としたものと一致する.

次に $f(re^{i\theta})$ の実部と虚部をそれぞれ $u(r,\theta)$，$v(r,\theta)$ で表わせば，$f(re^{i\theta}) = u(r,\theta)+iv(r,\theta)$，$f(Re^{i\phi}) = u(R,\phi)+iv(R,\phi)$ とおけるから，(8.10)は

$$u(r,\theta)+iv(r,\theta) = \frac{R^2-r^2}{2\pi}\int_0^{2\pi}\frac{u(R,\phi)+iv(R,\phi)}{R^2+r^2-2Rr\cos(\theta-\phi)}d\phi$$

となる. 上式で両辺の実部，虚部をとれば，u と v に対する次の公式

$$u(r,\theta) = \frac{R^2-r^2}{2\pi}\int_0^{2\pi}\frac{u(R,\phi)}{R^2+r^2-2Rr\cos(\theta-\phi)}d\phi$$

$$v(r,\theta) = \frac{R^2-r^2}{2\pi}\int_0^{2\pi}\frac{v(R,\phi)}{R^2+r^2-2Rr\cos(\theta-\phi)}d\phi \tag{8.12}$$

が得られる. ところで正則関数の実部，虚部は共に調和関数であった. よって (8.12)は円の内部における調和関数 u あるいは v の値が，円の境界(すなわち円周上)での u または v の値の積分で与えられることを示している.

一方，(8.8)と(8.9)の和をとれば

$$f(z) = \frac{1}{2\pi i}\oint_C\frac{2\zeta-(z+R^2/\bar{z})}{(\zeta-z)(\zeta-R^2/\bar{z})}f(\zeta)d\zeta$$

となる. 上と同様に $z=re^{i\theta}$，$\zeta=Re^{i\phi}$ とおけば，上式は

$$f(re^{i\theta}) = \frac{1}{2\pi}\int_0^{2\pi}f(Re^{i\phi})d\phi+\frac{Rr}{\pi i}\int_0^{2\pi}\frac{\sin(\phi-\theta)f(Re^{i\phi})}{R^2+r^2-2Rr\cos(\theta-\phi)}d\phi$$

と変形される. (8.11)により，右辺第1項は $f(0)$ に等しいから，上式は

$$f(re^{i\theta}) = f(0)+\frac{Rr}{\pi i}\int_0^{2\pi}\frac{\sin(\phi-\theta)f(Re^{i\phi})}{R^2+r^2-2Rr\cos(\theta-\phi)}d\phi \tag{8.13}$$

と表わされる. この式で両辺の実部，虚部をとれば

$$u(r,\theta) = u(0)+\frac{Rr}{\pi}\int_0^{2\pi}\frac{\sin(\phi-\theta)v(R,\phi)}{R^2+r^2-2Rr\cos(\theta-\phi)}d\phi$$

$$v(r,\theta) = v(0)-\frac{Rr}{\pi}\int_0^{2\pi}\frac{\sin(\phi-\theta)u(R,\phi)}{R^2+r^2-2Rr\cos(\theta-\phi)}d\phi \tag{8.14}$$

130 —— **8** 境界値問題と等角写像

となる．ただし $f(0)$ の実部，虚部をそれぞれ $u(0)$, $v(0)$ とした．すでに述べたように，互いに共役な調和関数は，そのうちのどちらか一方が与えられれば，他方はコーシー・リーマンの微分方程式を積分することによって，定数を除いて決まる（たとえば問題 2-4 を見よ）．上で導いた (8.14) は，これをさらにすすめて共役な調和関数の一方の値を，他方の円周上での値の周回積分で表わす公式である．

最後に (8.12) の第 1 式と (8.14) の第 2 式とから，$f(re^{i\theta})$ は

$$f(re^{i\theta}) = u(r,\theta) + iv(r,\theta)$$

$$= \frac{1}{2\pi} \int_0^{2\pi} \frac{(Re^{i\phi}+re^{i\theta})(Re^{-i\phi}-re^{-i\theta})}{(Re^{i\phi}-re^{i\theta})(Re^{-i\phi}-re^{-i\theta})} u(R,\phi)d\phi + iv(0)$$

と表わされる．したがって

$$f(re^{i\theta}) = \frac{1}{2\pi} \int_0^{2\pi} \frac{Re^{i\phi}+re^{i\theta}}{Re^{i\phi}-re^{i\theta}} u(R,\phi)d\phi + iv(0) \tag{8.15}$$

となり，円の内部における正則関数の値は，円周上での $f(z)$ の実部の値から（虚部の値を知らなくても），求められることがわかる（ただし定数 $v(0)$ の任意性は残る）．

例題8.3 原点を中心とする半径 R の円の内部でラプラスの方程式をみたし，円周上で境界条件

$$u(R,\theta) = \begin{cases} 1 & (0 \leqq \theta < \pi) \\ 0 & (\pi \leqq \theta < 2\pi) \end{cases}$$

を満足する関数 $u(r,\theta)\,(0<r<R)$ を求めよ．

[解] (8.12) から，求める関数は次の積分

$$u(r,\theta) = \frac{R^2-r^2}{2\pi} \int_0^{\pi} \frac{d\phi}{R^2+r^2-2Rr\cos(\theta-\phi)}$$

で与えられる．ここで公式

$$\int \frac{d\phi}{R^2+r^2-2Rr\cos(\theta-\phi)} = \frac{2}{R^2-r^2} \tan^{-1}\left(\frac{R+r}{R-r}\tan\frac{\phi-\theta}{2}\right)$$

を使えば

$$u(r,\theta) = 1 - \frac{1}{\pi} \tan^{-1}\frac{R^2-r^2}{2Rr\sin\theta}$$

となる.∎

―――――――――――――――― **問　題 8-2** ――――――――――――――――

1. (8.10) で $f(z)=z$ とおいて，次の積分を求めよ．

(1) $\dfrac{3}{\pi}\displaystyle\int_0^{2\pi}\dfrac{\cos\phi}{5-4\cos(\theta-\phi)}d\phi$ 　　(2) $\dfrac{3}{\pi}\displaystyle\int_0^{2\pi}\dfrac{\sin\phi}{5-4\cos(\theta-\phi)}d\phi$

―――――――――――――――――――――――――――――――――――

8-3　実軸を境界とする場合

前節では円周を境界とする境界値問題を考えた．本節では直線を境界とする境界値問題を考える．複素平面の上半面を領域とする境界値問題では，実軸が境界となる．この境界値問題を解くために，まず上半面で正則な複素関数 $f(z)$ を考え，上半面の任意の点 $z=x+iy\,(y>0)$ における $f(z)$ を，$f(z)$ の x 軸上の値から求める公式を与えることにする．

$f(z)$ が上半面で正則でかつ有界である場合(すなわち上半面で $|f(z)|$ が有限なある値 M を越えない場合)を考える．C は原点を中心とする半径 R の上半円とし，点 z はその内部に含まれるものとする(図 8-6)．このときコーシーの積分公式から

$$f(z)=\frac{1}{2\pi i}\oint_C\frac{f(\zeta)}{\zeta-z}d\zeta,\quad 0=\frac{1}{2\pi i}\oint_C\frac{f(\zeta)}{\zeta-\bar{z}}d\zeta \qquad(8.16)$$

これらの差を作ると

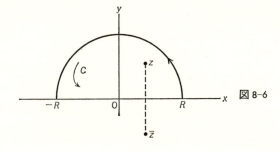

図 8-6

132 —— **8 境界値問題と等角写像**

$$f(z) = \frac{1}{2\pi i} \oint_C \left(\frac{1}{\zeta - z} - \frac{1}{\zeta - \bar{z}} \right) f(\zeta) d\zeta = \frac{y}{\pi} \oint_C \frac{f(\zeta)}{(\zeta - z)(\zeta - \bar{z})} d\zeta$$

となる. ここで積分路 C を実軸上の部分と, 点 R から $-R$ までの弧 Γ の部分に分ければ

$$f(z) = \frac{y}{\pi} \int_{-R}^{R} \frac{f(\xi)}{(\xi - z)(\xi - \bar{z})} d\xi + \frac{y}{\pi} \int_{\Gamma} \frac{f(\zeta)}{(\zeta - z)(\zeta - \bar{z})} d\zeta$$

と変形できる. Γ 上では $\zeta = Re^{i\theta} \, (0 \leqq \theta < \pi)$ とおけるから, 上式の右辺第 2 項は $R \to \infty$ で

$$\lim_{R \to \infty} \left| \int_{\Gamma} \frac{f(\zeta)}{(\zeta - z)(\zeta - \bar{z})} d\zeta \right| < \lim_{R \to \infty} \frac{\pi M}{R} = 0$$

となる. ただし仮定により $|f(\zeta)| < M$ とした. したがって $R \to \infty$ で, Γ にそった積分の寄与は零となるので, 公式

$$f(z) = \frac{y}{\pi} \int_{-\infty}^{\infty} \frac{f(\xi)}{(\xi - z)(\xi - \bar{z})} d\xi = \frac{y}{\pi} \int_{-\infty}^{\infty} \frac{f(\xi)}{(\xi - x)^2 + y^2} d\xi \qquad (8.17)$$

が得られる. これを**上半面に対するポアッソンの積分公式**と呼ぶ.

$f(z) = u(x, y) + iv(x, y)$ とおいて, 両辺の実部と虚部をとれば

$$u(x, y) = \frac{y}{\pi} \int_{-\infty}^{\infty} \frac{u(\xi, 0)}{(\xi - x)^2 + y^2} d\xi$$

$$v(x, y) = \frac{y}{\pi} \int_{-\infty}^{\infty} \frac{v(\xi, 0)}{(\xi - x)^2 + y^2} d\xi \qquad (8.18)$$

となる. 上式は上半面の任意の点 (x, y) における調和関数を, その関数の実軸上の値の積分で表わす公式である.

次に $f(z)$ は上半面で正則でかつ $|z| \to \infty$ のとき, $|f(z)| \to 0$ とする. (8.16) の両式の和をとれば, $f(z)$ は

$$f(z) = \frac{1}{\pi i} \int_{-R}^{R} \frac{(\xi - x) f(\xi)}{(\xi - z)(\xi - \bar{z})} d\xi + \frac{1}{\pi i} \int_{\Gamma} \frac{(\zeta - x) f(\zeta)}{(\zeta - z)(\zeta - \bar{z})} d\zeta$$

と表わされる. 仮定により $R \to \infty$ で Γ 上の積分は零になるから

$$f(z) = \frac{1}{\pi i} \int_{-\infty}^{\infty} \frac{(\xi - x) f(\xi)}{(\xi - z)(\xi - \bar{z})} d\xi \qquad (8.19)$$

となり, これから

8-3 実軸を境界とする場合 ——— 133

$$u(x, y) = \frac{1}{\pi} \int_{-\infty}^{\infty} \frac{(\xi-x)\,v(\xi, 0)}{(\xi-x)^2+y^2} d\xi$$

$$v(x, y) = -\frac{1}{\pi} \int_{-\infty}^{\infty} \frac{(\xi-x)\,u(\xi, 0)}{(\xi-x)^2+y^2} d\xi \qquad (8.20)$$

が得られる. したがって点 (x, y) における調和関数は, それに共役な調和関数の実軸上の値を用いて表わすこともできる.

さらに (8.18) の第1式と (8.20) の第2式から

$$f(z) = u(x, y)+iv(x, y) = \frac{1}{\pi} \int_{-\infty}^{\infty} \frac{y-i(\xi-x)}{(\xi-x)^2+y^2} u(\xi, 0) d\xi$$

となり, $f(z)$ はその実部の実軸上の値を使って

$$f(z) = -\frac{i}{\pi} \int_{-\infty}^{\infty} \frac{u(\xi, 0)}{\xi-x-iy} d\xi \qquad (8.21)$$

と表わすことができる.

8-2節と上の結果から, 領域が円または半平面であるとき, 正則関数 または調和関数の領域内の値は, 領域の境界における関数の値から求められることになる.

例題 8.4 z 平面の上半面 ($z=x+iy$, $y>0$) でラプラスの方程式をみたし, 実軸上 ($y=0$) で

$$u(x, 0) = \begin{cases} 1 & (x\geqq0) \\ 0 & (x<0) \end{cases}$$

を満足する $u(x, y)$ を求めよ.

[解] (8.18) により

$$u(x, y) = \frac{y}{\pi} \int_{0}^{\infty} \frac{d\xi}{(\xi-x)^2+y^2} = 1-\frac{1}{\pi} \tan^{-1}\frac{y}{x} \quad (0\leqq\tan^{-1}\frac{y}{x}<\pi) \qquad ▮$$

━━━━━━━━━━━━━━━━━━ 問　題 8-3 ━━━━━━━━━━━━━━━━━━

1. (8.18) で与えられた関数 $u(x, y)$, $v(x, y)$ は調和関数であること, すなわちラプラスの方程式をみたすことを示せ.

8-4 境界値問題と等角写像

前節では,円周または実軸(x軸)を境界とする,境界値問題に対する解の公式を与えた.境界がもっと一般的な形をしている場合の境界値問題には,2-3節で述べた等角写像を利用する方法が有効である.それは次の事情による.

まず合成関数 $\zeta = f(w)$, $w = g(z)$ を考える.ここで $f(w)$, $g(z)$ は,それぞれ w 平面の領域 D と z 平面の領域 D' で正則であるものとする.さらに D' は,$w = g(z)$ で D に 1 対 1 に対応させられるとしよう(これは D' の内部で $\dfrac{dg(z)}{dz} \neq 0$ が成り立つことを意味する)(図 8-7).このとき $\zeta = f(w) = f(g(z))$ は,w 平面の領域 D で正則であると同時に,これを z の関数とみれば z 平面の領域 D' で正則な関数となる((2.11)式参照).

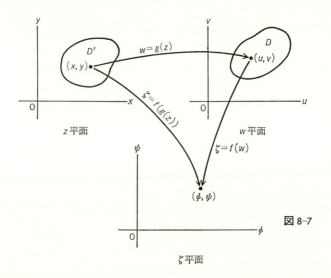

図 8-7

ここで $w = u + iv$, $\zeta = \phi + i\psi$ とおけば,ϕ と ψ は正則関数の実部と虚部だから,領域 D で共にラプラスの方程式

$$\left(\frac{\partial^2}{\partial u^2} + \frac{\partial^2}{\partial v^2}\right)\phi = 0, \quad \left(\frac{\partial^2}{\partial u^2} + \frac{\partial^2}{\partial v^2}\right)\psi = 0 \quad (8.22)$$

をみたす．したがって $\phi(u, v)$（またはψ）は，w 平面上で与えた境界値問題の解になる．次に $z=x+iy$ とおけば，$w=g(z)=u+iv$ から，u と v は z 平面の領域 D' で定義された互いに共役な調和関数 $u=u(x, y)$，$v=v(x, y)$

$$\left(\frac{\partial^2}{\partial x^2}+\frac{\partial^2}{\partial y^2}\right)u = 0, \qquad \left(\frac{\partial^2}{\partial x^2}+\frac{\partial^2}{\partial y^2}\right)v = 0 \qquad (8.23)$$

となる．またこれを ϕ に代入すれば，$\phi(u, v)=\phi(u(x, y), v(x, y))$ となり，ϕ は x と y の関数になる．すでに述べたことから，ϕ は D' で正則な関数の実部でもあるので，これを $\chi(x, y)(=\phi(u(x, y), v(x, y)))$ とおけば，$\chi(x, y)$ は次のラプラスの方程式

$$\left(\frac{\partial^2}{\partial x^2}+\frac{\partial^2}{\partial y^2}\right)\chi(x, y) = 0 \qquad (8.24)$$

をみたすことがわかる．

　この結果，w 平面の領域 D で定義された $\phi(u, v)$ に対する境界値問題は，z 平面の領域 D' における境界値問題におきなおすことができる．すなわち，z 平面での境界値問題の解 $\chi(x, y)$ に，$u=u(x, y)$，$v=v(x, y)$ の逆関数 $x=x(u, v)$，$y=y(u, v)$ を代入すれば，$\chi(x, y)=\chi(x(u, v), y(u, v))=\phi(u, v)$ となり，w 平面での境界値問題の解が得られるのである．ここで重要なことは，D' の境界 C' で，χ が境界条件 $\chi=\chi_0$（これを $\chi(C')=\chi_0$ と表わす）をみたすとき，D の境界 C 上で $\phi(u, v)=\phi(u(x, y), v(x, y))=\chi(x, y)$ は，$\phi(C)=\chi(C')=\chi_0$ となり，$\chi(x, y)$ と同じ境界条件を満足することである．

　上で示したことから，ある与えられた領域 D での境界値問題は，等角写像によって別の領域 D' における境界値問題におきかえて解くことが可能になる．したがって，もし領域 D が一般的な形をしている場合，これを円周内または上半面に移す等角写像がわかれば，写像された領域 D' では8-2節または8-3節で述べた境界値問題になり，ポアッソンの積分公式が使えるようになる．

　例題8.5　次の1次分数変換

$$w = \frac{1+iz}{1-iz}$$

は，w 平面の原点を中心とする単位円 C の内部を，z 平面の上半面に等角写像

136 —— **8** 境界値問題と等角写像

する（第2章演習問題 [2]）．w 平面で与えられた次の境界値問題を，上の等角写像を利用して解け．

境界値問題：単位円 $|w|=1$ の内部で調和で，円周上で境界条件

$$\phi(1,\theta) = \begin{cases} 1 & (0 \leqq \theta < \pi) \\ 0 & (\pi \leqq \theta < 2\pi) \end{cases}$$

を満足する関数 $\phi(r,\theta)$ を求めよ．

[解] 与えられた1次分数変換で $w=u+iv$, $z=x+iy$ とおけば

$$x = \frac{2v}{(u+1)^2+v^2}, \qquad y = \frac{1-(u^2+v^2)}{(u+1)^2+v^2}$$

となるので，単位円周 $u^2+v^2=1$ の上半分 $(v>0)$ は z 平面の実軸上 $(y=0)$ の右半分に，また下半分 $(v<0)$ は実軸上の左半分に写像される．したがって問題は z 平面の上半平面でラプラスの方程式をみたし，境界条件

$$\chi(x,0) = \begin{cases} 1 & (x \geqq 0) \\ 0 & (x < 0) \end{cases}$$

を満足する関数 $\chi(x,y)$ を求めることに帰着する．ポアッソンの積分公式を使えば（例題 8.4），$\chi(x,y)$ は

$$\chi(x,y) = 1 - \frac{1}{\pi} \tan^{-1} \frac{y}{x}$$

となることがわかる．ここで変数を x,y から u,v に変換すれば

$$\chi(x(u,v), y(u,v)) = \phi(u,v)$$
$$= 1 - \frac{1}{\pi} \tan^{-1}\left(\frac{1-(u^2+v^2)}{2v}\right) = 1 - \frac{1}{\pi} \tan^{-1}\left(\frac{1-r^2}{2r\sin\theta}\right)$$

となり，与えられた境界値問題の解が得られる．ところでこの問題は，直接円周に対するポアッソンの積分公式を使って解くこともできて（例題 8.3 で $R=1$ とおけばよい），両方の結果は一致しているのである． █

‖‖‖‖‖‖‖‖‖‖‖‖‖‖‖‖‖‖‖‖‖‖‖‖‖‖ **問 題 8-4** ‖‖‖‖‖‖‖‖‖‖‖‖‖‖‖‖‖‖‖‖‖‖‖‖‖‖

1. 2つの実変数 u, v の関数 $\phi(u,v)$ に対して，変数変換 $u=u(x,y)$, $v=v(x,y)$ をおこなって得られた関数を $\chi(x,y)$ とする $(\chi(x,y)=\phi(u(x,y), v(x,y)))$．この変

数変換が，z 平面から w 平面への等角写像 $w=f(z)$（ただし $w=u+iv$, $z=x+iy$）によって与えられるとき，次の関係が成り立つことを示せ．

$$\frac{\partial^2 \chi}{\partial x^2} + \frac{\partial^2 \chi}{\partial y^2} = |f'(z)|^2 \left(\frac{\partial^2 \phi}{\partial u^2} + \frac{\partial^2 \phi}{\partial v^2} \right)$$

8-5　いろいろな等角写像

2 次元空間の境界値問題では，正則関数による等角写像を利用するのが有効な方法であった．本節ではいくつかの代表的な等角写像を例にとって，それらの写像の特徴を調べることにしよう．

1 次分数変換　$w = \dfrac{\alpha z + \beta}{\gamma z + \delta}$

ここで $\alpha, \beta, \gamma, \delta$ は任意の複素定数で，$\alpha\delta - \beta\gamma \neq 0$ とする．この変換で z 平面の点と w 平面の点は，点 $z = -\dfrac{\delta}{\gamma}$ 以外では 1 対 1 に対応することは既にのべた（第 2 章演習問題）．1 次分数変換はさらに次の性質をもつ．

(1)　2 つの 1 次分数変換を続けておこなったものは，別の 1 次変換に等しい．

まず 1 次分数変換

$$w = \frac{\alpha_1 z + \beta_1}{\gamma_1 z + \delta_1} \qquad (\alpha_1\delta_1 - \beta_1\gamma_1 \neq 0) \tag{8.25}$$

によって，z が w に変換されるものとする．次に w は

$$\zeta = \frac{\alpha_2 w + \beta_2}{\gamma_2 w + \delta_2} \qquad (\alpha_2\delta_2 - \beta_2\gamma_2 \neq 0) \tag{8.26}$$

によって，ζ に変換されるとしよう．このとき (8.26) を (8.25) に代入すると

$$\zeta = \frac{(\alpha_2\alpha_1 + \beta_2\gamma_1)z + (\alpha_2\beta_1 + \beta_2\delta_1)}{(\gamma_2\alpha_1 + \delta_2\gamma_1)z + (\gamma_2\beta_1 + \delta_2\delta_1)} \tag{8.27}$$

となる．ここで

$$(\alpha_2\alpha_1 + \beta_2\gamma_1)(\gamma_2\beta_1 + \delta_2\delta_1) - (\gamma_2\alpha_1 + \delta_2\gamma_1)(\alpha_2\beta_1 + \beta_2\delta_1)$$
$$= (\alpha_2\delta_2 - \beta_2\gamma_2)(\alpha_1\delta_1 - \beta_1\gamma_1) \neq 0$$

となるので，係数 $(\alpha_2\alpha_1 + \beta_2\gamma_1)$, $(\alpha_2\beta_1 + \beta_2\delta_1)$, $(\gamma_2\alpha_1 + \delta_2\gamma_1)$, $(\gamma_2\beta_1 + \delta_2\delta_1)$ を改めて $\alpha_3, \beta_3, \gamma_3, \delta_3$ とおけば，z から ζ への変換 (8.27) は

138 —— **8** 境界値問題と等角写像

$$\zeta = \frac{\alpha_3 z + \beta_3}{\gamma_3 z + \delta_3} \qquad (\alpha_3 \delta_3 - \beta_3 \gamma_3 \neq 0) \tag{8.28}$$

と表わされて，また1次分数変換であることがわかる．すなわち，1次分数変換を続けておこなったものは，また1次分数変換に等しい．これをくり返すことによって，1次分数変換を n 回おこなったものも，また1つの1次分数変換に等しいことが示される．

1次分数変換の合成が1次分数変換であることから，逆に1つの1次分数変換をもっと簡単な1次分数変換に分解することもできる．すなわち

(2) 任意の1次分数変換

$$w = \frac{\alpha z + \beta}{\gamma z + \delta} \qquad (\alpha\delta - \beta\gamma \neq 0) \tag{8.29}$$

は，次の4つの特別な1次分数変換 $T_i\,(i=1,2,3,4)$

$$
\begin{aligned}
&T_1: \quad z \to z_1; \quad z_1 = z + \frac{\delta}{\gamma} \\
&T_2: \quad z_1 \to z_2; \quad z_2 = \gamma z_1 \\
&T_3: \quad z_2 \to z_3; \quad z_3 = \frac{1}{z_2} \\
&T_4: \quad z_3 \to w; \quad w = \frac{\alpha}{\gamma} + \frac{\beta\gamma - \alpha\delta}{\gamma} z_3
\end{aligned}
\tag{8.30}
$$

の合成変換に等しい．変換 T_1, T_2, T_3, T_4 を順々におこなって得られた変換が，与えられた変換(8.29)に等しいことは，容易に確かめられるであろう．

(3) z 平面上の原点を中心とする単位円は，次の1次分数変換

$$w = \frac{\alpha z - \bar{\alpha}}{\beta z - \bar{\beta}} \qquad (\alpha\bar{\beta} - \beta\bar{\alpha} \neq 0) \tag{8.31}$$

で，w 平面の実軸に写像される(第2章演習問題 [2])．

ジューコウスキー(Joukowski)変換 $\quad w = z + \dfrac{a^2}{z} \quad (a > 0)$

これは，ジューコウスキー変換と呼ばれて，z 平面上の原点を中心とする円を，w 平面上の楕円に写像する．$z = re^{i\theta}$，$w = u + iv$ とおくと，$u + iv = re^{i\theta} + \dfrac{a^2}{r}e^{-i\theta} = \left(r + \dfrac{a^2}{r}\right)\cos\theta + i\left(r - \dfrac{a^2}{r}\right)\sin\theta$ となるので，u, v はそれぞれ

8-5 いろいろな等角写像

$$u = \left(r + \frac{a^2}{r}\right)\cos\theta, \qquad v = \left(r - \frac{a^2}{r}\right)\sin\theta \tag{8.32}$$

と表わされる．したがって，z 平面の原点を中心とする半径 a の円上では，$u=2a\cos\theta$，$v=0$ となり，この円は w 平面の実軸上の線分 $|u|\leqq 2a$ に写像される（図 8-8）．

次に z 平面で原点を中心とする半径 $c(c>a)$ の円を考える．(8.32) で $r=c$ とおき，θ を消去すれば

$$\frac{u^2}{(c+a^2/c)^2} + \frac{v^2}{(c-a^2/c)^2} = 1 \tag{8.33}$$

が成り立つ．(8.33) は u 軸上の 2 点 $u=\pm 2a$ を焦点とする楕円を表わし，その長径・短径はそれぞれ $\left(c+\dfrac{a^2}{c}\right)$, $\left(c-\dfrac{a^2}{c}\right)$ に等しい．すなわち，z 平面の原点を中心とする半径 $c(>a)$ の円は，w 平面の $u=\pm 2a$ を焦点とする楕円に写像されることがわかる（図 8-8）．

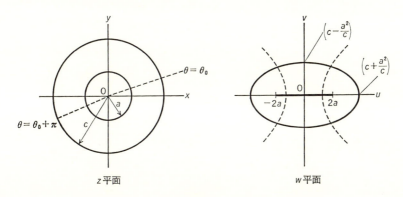

図 8-8

z 軸上の円の半径を大きくすれば，w 平面に写像された楕円は，焦点の位置はそのままで長径・短径が大きくなる．したがって，z 平面の原点を中心とする半径 $c(>a)$ の円の外側は，w 平面の対応する楕円の外側の領域に写像されるのである．逆に，円の半径を徐々に小さくして a に近づければ，w 平面上の対応する楕円は焦点を固定したままで，長径と短径がそれぞれ $2a$ と 0 に近づき，遂には u 軸上の線分 $|u|\leqq 2a$ に一致する．よって，ジューコウスキー変換

は，z 平面上の原点を中心とする半径 a の円とその外側の領域を，w 平面の全域に写像することがわかる．

またジューコウスキー変換で，z を $\dfrac{a^2}{z}$ に変えても w の値は変化しない．ところで，z が原点を中心とする半径 a の円の外側の点であるとき，$\dfrac{a^2}{z}$ はこの円の内部の点を表わすことに注意しよう．したがってこの変換は，z 平面の原点を中心とする半径 a の円とその内部の領域も，w 平面の全域に写像する．この結果，w 平面の任意の 1 点（線分 $|u|\leqq 2a$ 上の点は除く）は，z 平面の半径 a の円の外部と内部の 2 点に対応することになる．これは上の変換で z を w の関数とみたとき，w の 2 価関数になっていることからも明らかであろう．

一方，z 平面の原点から出る半直線 $\theta=\theta_0$（定数）は，w 平面上の双曲線（その焦点は楕円と同様に $u=\pm 2a$）

$$\frac{u^2}{\cos^2\theta_0}-\frac{v^2}{\sin^2\theta_0}=4a^2 \tag{8.34}$$

に写像される（図 8-8）．

例題 8.6 変換 $w=z^n$（n は正の整数）は，z 平面上の領域 $0<\theta<\dfrac{\pi}{n}$ を，w 平面の上半面に写像することを示せ（図 8-9）．ただし $z=re^{i\theta}$ とおく．

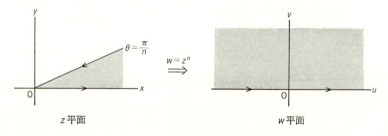

図 8-9

[解] $z=re^{i\theta}$，$w=\rho e^{i\phi}$ とおけば，$\rho e^{i\phi}=r^n e^{in\theta}$ より，$\rho=r^n$，$\phi=n\theta$．よって z 平面上の半直線 $\theta=0$ と $\theta=\dfrac{\pi}{n}$ は，それぞれ w 平面上の半直線 $\phi=0$ と $\phi=\pi$ に写像される．この結果与えられた変換は，z 平面上の領域 $0<\theta<\dfrac{\pi}{n}$ を，w 平面上の上半面 $0<\phi<\pi$ に写像することがわかる．∎

例題 8.7 変換 $w=e^{az}$（$a>0$）は，z 平面の帯状の領域 $0<y<\dfrac{\pi}{a}$，$-\infty<x<$

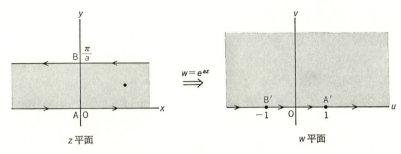

図 8-10

∞ を，w 平面の上半面に写像することを示せ（図 8-10）．

[解] $z=x+iy$, $w=\rho e^{i\phi}$ とおけば，$\rho e^{i\phi}=e^{a(x+iy)}=e^{ax}e^{iay}$ が成り立つ．よって $\rho=e^{ax}$, $\phi=ay$ となり，z 平面の領域 $-\infty<x<\infty$, $0<y<\dfrac{\pi}{a}$ は，w 平面の上半面 $0<\phi<\pi$ に写像される．▮

━━━━━━━━━━━━━━━━━━━ 問　題 8-5 ━━━━━━━━━━━━━━━━━━━

1. (8.30)で導入した特別な1次分数変換 T_i ($i=1,2,3$) のそれぞれによって，z 平面の長方形の領域 $-a<x<a$, $-b<y<b$ はどのように写像されるか．

2. 変換 $w=\sin az$ ($a>0$) は，z 平面の領域 $-\dfrac{\pi}{2a}<x<\dfrac{\pi}{2a}$, $y>0$ を，w 平面の上半面に写像することを示せ．

━━━━━━━━━━━━━━━━━━━━━━━━━━━━━━━━━━━━━━━

第 8 章 演 習 問 題

[1] 次の複素ポテンシャル $f(z)$

(1) $f(z)=z^2$ 　　(2) $f(z)=z+\dfrac{1}{z}$

で与えられる2次元的な粘性をもたない完全流体の流れの様子を調べよ．これらの流体の等ポテンシャル線と流線を求めよ．

142 ——— **8** 境界値問題と等角写像

[2] $z=-1$, $z=0$, $z=1$ を，それぞれ $w=-1$, $w=-i$, $w=1$ に写像する 1 次分数変換を求めよ．

[3] 複素関数 $w=\cosh z$ によって，z 平面上の半無限の帯状領域 $x>0$, $\pi>y>0$ は，w 平面の上半面に等角写像されることを示せ．

[4] 定常的な温度の空間分布を表わす関数を $T(x,y)$ で表わしたとき，$T(x,y)$ はラプラスの方程式をみたす．問題 [3] で考えた半無限帯状領域の境界で，$T(x,y)$ が次の境界条件

半直線 $y=0\,(x>0)$ および $y=\pi\,(x>0)$ 上で，$T=0$

線分 $x=0$, $0\leqq y\leqq\pi$ 上で，$T=T_0$

をみたすとき，半無限帯状領域の任意の 1 点 (x,y) における $T(x,y)$ を求めよ．

2乗して零になる数

　ある数 a を考えたとき，a^2 が正ならば a は実数，また a^2 が負ならば a は虚数であった．実数と虚数の1次結合を複素数と呼び，本書では複素数を変数とする関数のいろいろな性質を調べてきた．

　ところで，実数とも虚数とも異なる数，すなわち a^2 が正でも負でもなく，2乗して零になる数は存在するであろうか．読者には奇異に感じられるかもしれないが，このような数は実際に存在して，電子や陽子などの量子力学的な性質を調べるときに利用されている．この数を θ で表わし，これをグラスマン数と呼ぶ．θ は定義から $\theta^2=0$ となる．

　さらに，任意の複素数 α, β を係数とする複素数とグラスマン数の1次結合からなる数 $(\alpha+\beta\theta)$ も導入することができる．このとき $(\alpha+\beta\theta)^2=\alpha^2+2\alpha\beta\theta$ となる．複素数の場合とは異なり，これらの数にはその大きさ（または絶対値）を定義することはできない．それにもかかわらず，グラスマン数に対しても，微分・積分が定義されて，これらは最近の素粒子理論で重要な役割を果たしている．

さらに勉強するために

　本書では複素関数の基礎的事項については，十分説明したつもりである．ページ数の関係でふれることのできなかった，解析接続や関数の積分表示，また楕円関数などの多重周期関数について勉強したい人，複素関数をさらに勉強したい人は，以下に挙げる数学書を参考にされたい．

　複素関数論について

[1]　高木貞治：『解析概論』(改訂第3版)，岩波書店(1983)

[2]　H. カルタン：『複素函数論』，岩波書店(1965)

[3]　L. V. アールフォルス：『複素解析』，現代数学社(1982)

[4]　A. I. Markushevich : *Theory of Functions of a Complex Variables*, Chelsea Publishing Company (1977)

[1]は実関数，複素関数の微分・積分法に関する基本的な点を重点的に解説した名著であって，理工系の学生はこの本に1度は目を通すことを勧めたい．[2], [3], [4]は本書を読んだ後，より高いレベルの参考書を求める人に勧めたい．複素関数全般にわたって読みやすく説明がなされている．

　複素関数の応用について

[5]　スミルノフ：『高等数学教程』第3巻第2部，共立出版(1962)

[6]　寺沢寛一：『自然科学者のための数学概論』(増訂版)，岩波書店(1983)

146 —— さらに勉強するために

[7]　P. M. Morse and H. Feshbach : *Methods of Theoretical Physics,* Mc-Graw-Hill (1953)

[8]　E. T. Whittaker and G. N. Watson : *A Course of Modern Analysis,* Cambridge Univ. Press (第 10 版, 1958)

[9]　犬井鉄郎 : 『特殊函数』, 岩波書店 (1962)

[5], [6], [7] は, 応用数学の広い分野にわたる参考書で, 複素関数の応用例も数多くみられる. 特殊関数については, [8], [9] を参考にされたい.

数学公式

1. 複素数

1) 複素数の極形式　$z = r(\cos\theta + i\sin\theta) = re^{i\theta}$

2) ド・モアブルの公式　$(\cos\theta + i\sin\theta)^n = \cos n\theta + i\sin n\theta$

3) 複素数の n 乗根

$$z^{1/n} = r^{1/n}\left\{\cos\left(\frac{\theta}{n} + 2\pi\frac{k}{n}\right) + i\sin\left(\frac{\theta}{n} + 2\pi\frac{k}{n}\right)\right\} \qquad (k = 0, 1, 2, \cdots, n-1)$$

4) オイラーの公式　$e^{i\theta} = \cos\theta + i\sin\theta$

5) 三角不等式　$|\alpha + \beta| \leqq |\alpha| + |\beta|, \quad |\alpha| - |\beta| \leqq |\alpha - \beta|$

2. 初等関数

1) 指数関数　$e^z = e^x(\cos y + i\sin y), \quad z = x + iy$

2) 三角関数・双曲線関数

$$\cos z = \frac{e^{iz} + e^{-iz}}{2}, \quad \sin z = \frac{e^{iz} - e^{-iz}}{2i}$$

$$\cosh z = \frac{e^z + e^{-z}}{2}, \quad \sinh z = \frac{e^z - e^{-z}}{2}$$

3) 対数関数　$\log z = \log r + i(\theta + 2k\pi), \quad z = re^{i\theta} \qquad (k は整数)$

3. コーシー・リーマンの微分方程式　$f(z) = u(x, y) + iv(x, y)$ として

$$\frac{\partial u}{\partial x} = \frac{\partial v}{\partial y}, \quad \frac{\partial v}{\partial x} = -\frac{\partial u}{\partial y}$$

148 ── 数 学 公 式

4. 積分公式と留数

1) コーシー・グルサーの積分公式

$$f^{(n)}(z) = \frac{n!}{2\pi i} \oint_C \frac{f(\zeta)}{(\zeta-z)^{n+1}} d\zeta \qquad (n=0,1,2,\cdots)$$

2) 留数：z_0 が n 位の極であるとき

$$\operatorname{Res} f(z_0) = \frac{1}{(n-1)!} \lim_{z \to z_0} \frac{d^{n-1}}{dz^{n-1}} \{(z-z_0)^n f(z)\}$$

3) 留数定理

$$\oint_C f(z)dz = 2\pi i \sum_{k=1}^{n} \operatorname{Res} f(z_k) \qquad (z_k \text{ は } C \text{ に囲まれる領域にある } f(z) \text{ の特異点})$$

5. ベキ級数

1) 収束半径 r，ベキ級数 $\alpha_0 + \alpha_1 z + \alpha_2 z^2 + \cdots$ の収束半径

$$\lim_{n \to \infty} \sqrt[n]{|\alpha_n|} \text{ が存在するとき} \qquad \frac{1}{r} = \lim_{n \to \infty} \sqrt[n]{|\alpha_n|}$$

$$\lim_{n \to \infty} \left| \frac{\alpha_{n+1}}{\alpha_n} \right| \text{ が存在するとき} \qquad \frac{1}{r} = \lim_{n \to \infty} \left| \frac{\alpha_{n+1}}{\alpha_n} \right|$$

2) テイラー展開

$$f(z) = \sum_{n=0}^{\infty} \frac{1}{n!} f^{(n)}(z_0)(z-z_0)^n$$

初等関数のテイラー展開

$$e^z = \sum_{n=0}^{\infty} \frac{1}{n!} z^n \qquad (|z| < \infty)$$

$$\cos z = \sum_{n=0}^{\infty} \frac{(-1)^n}{(2n)!} z^{2n} \qquad (|z| < \infty)$$

$$\sin z = \sum_{n=0}^{\infty} \frac{(-1)^n}{(2n+1)!} z^{2n+1} \qquad (|z| < \infty)$$

$$\log(1+z) = \sum_{n=1}^{\infty} (-1)^{n-1} \frac{z^n}{n} \qquad (|z| < 1)$$

3) ローラン展開

$$f(z) = \sum_{n=-\infty}^{\infty} a_n(z-z_0)^n$$

ただし $a_n = \dfrac{1}{2\pi i} \oint_C \dfrac{f(\zeta)d\zeta}{(\zeta-z_0)^{n+1}} \qquad (n=0, \pm1, \pm2, \cdots)$

問題略解

第 1 章

問題 1-2

1. $\alpha^2 = (1+i)^2 = 1-1+2i = 2i$, よって α^2 は虚数である.

2. 与えられた方程式の実部と虚部から, 連立方程式 $3x+5y=4$, $4y+2x=x+y$ が成り立つ. これを解いて, $x=3$, $y=-1$.

3. (1) $4+3i$.　(2) $6+7i$.　(3) $\dfrac{5}{2} - \dfrac{1}{2}i$.　(4) $4+7i$.

問題 1-3

1. (1) $\sqrt{13}$.　(2) $5+i$.　(3) $12+5i$.　(4) $\dfrac{24}{13}$.

2. $\dfrac{\alpha_1}{\alpha_2} = \dfrac{\alpha_1 \bar{\alpha}_2}{\alpha_2 \bar{\alpha}_2} = \dfrac{\alpha_1 \bar{\alpha}_2}{|\alpha_2|^2}$, 故に, $\left|\dfrac{\alpha_1}{\alpha_2}\right| = \dfrac{|\alpha_1||\alpha_2|}{|\alpha_2|^2} = \dfrac{|\alpha_1|}{|\alpha_2|}$

問題 1-4

1. 図のとおり.

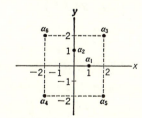

150 ——— 問 題 略 解

問題 1-5

1. $\alpha = 2\left(\cos\dfrac{3}{2}\pi + i\sin\dfrac{3}{2}\pi\right)$ から，その平方根は，$\sqrt{2}\left(\cos\dfrac{3}{4}\pi + i\sin\dfrac{3}{4}\pi\right)$ と $\sqrt{2}\left(\cos\dfrac{7}{4}\pi + i\sin\dfrac{7}{4}\pi\right)$ となる.

2. $z(t) = e^{i\omega t}$ のとき，$\dfrac{dz}{dt} = i\omega z$，$\dfrac{d^2 z}{dt^2} = -\omega^2 z$ となるから，z は与えられた方程式の解である．$z(t) = e^{-i\omega t}$ のときも同様.

第1章演習問題

[1] (1) $\sqrt{2}\,e^{i\pi/4}$. (2) $\sqrt{2}\,e^{7i\pi/4}$. (3) $2e^{i\pi/3}$. (4) $2e^{i\pi/6}$. (5) $2^{n/2}e^{ni\pi/4}$.
(6) $2^{n+1}\cos\dfrac{n}{3}\pi$.

[2] $\alpha^{1/m} = r^{1/m}e^{(\theta+2k\pi)i/m}$ から，$\alpha^{n/m} = r^{n/m}e^{n/(\theta+2k\pi)i/m}$.

[3] (1) $-i = e^{3i\pi/2}$ から，$(-i)^{1/3} = e^{(1/2+2k/3)i\pi}$ $(k=0,1,2)$. (2) $1+i = \sqrt{2}\,e^{i\pi/4}$ から，$(1+i)^{2/3} = 2^{1/3}e^{(1/6+4k/3)i\pi}$ $(k=0,1,2)$

[4] 焦点からの距離の和が $2a$，よって求める楕円の方程式は $|z-\alpha| + |z-\beta| = 2a$ で与えられる．$\alpha = -\beta = c$ のとき，上の式は $\sqrt{(x-c)^2+y^2} + \sqrt{(x+c)^2+y^2} = 2a$ となるから，これを変形すれば求める方程式が得られる.

[5] 与えられた不等式は $(z-1)(\bar{z}-1) > 2(z+1)(\bar{z}+1)$ となり，これから次の不等式 $|z+3| < \sqrt{8}$ が得られる．したがって求める範囲は $z=-3$ を中心とする半径 $\sqrt{8}$ の円の内部となる.

[6] (1) $S_{n-1} = \sum\limits_{k=1}^{n} z^{k-1}$ とおけば，$zS_{n-1} = \sum\limits_{k=1}^{n} z^k$. この差から $(1-z)S_{n-1} = 1-z^n$. 故に $S_{n-1} = \dfrac{1-z^n}{1-z}$. (2) 上式で $z = e^{i\theta}$ とおけば，$z^n = e^{in\theta}$，よって $\sum\limits_{k=1}^{n} e^{i(k-1)\theta} = \dfrac{1-e^{in\theta}}{1-e^{i\theta}}$ $= \dfrac{\sin n\theta/2}{\sin\theta/2}e^{i(n-1)\theta/2}$. ここで両辺の実部と虚部をとれば，求める式が得られる.

第 2 章

問題 2-1

1. (1) $u = 2x^3 - 6xy^2 + x$, $v = 6x^2y - 2y^3 + y$. (2) $u = x^3 - 3xy^2 + 7(x^2-y^2) + 12x$, $v = 3x^2y - y^3 + 14xy + 12y$

2. $v = \dfrac{1}{2}(u^2-1)$

問 題 略 解 ——— 151

問題 2-2

1. (1) $-1+3i$. (2) $\dfrac{1}{5}(1-3i)$. (3) $-2+i$. (4) 0.

2. $z=re^{i\theta}$ とおけば，$\displaystyle\lim_{z\to 0}\frac{\bar{z}}{z}=\lim_{r\to 0}\frac{re^{-i\theta}}{re^{i\theta}}=e^{-2i\theta}$ となり，$z\to 0$ で一定の値をもたない．よって極限値は存在しない．

問題 2-3

1. $\displaystyle\lim_{\Delta z\to 0}\frac{\Delta x}{\Delta x+i\Delta y}$ は，x 軸にそって $\Delta z\to 0$ のときと，y 軸にそって $\Delta z\to 0$ のとき，異なる値をもつ．よって微分可能ではない．

問題 2-4

1. (1) $\dfrac{\partial^2 u}{\partial x^2}=e^x\cos y$, $\dfrac{\partial^2 u}{\partial y^2}=-e^x\cos y$, ゆえに $\left(\dfrac{\partial^2}{\partial x^2}+\dfrac{\partial^2}{\partial y^2}\right)u=0$. (2) 微分方程式 $\dfrac{\partial v}{\partial x}=-\dfrac{\partial u}{\partial y}=e^x\sin y$, $\dfrac{\partial v}{\partial y}=\dfrac{\partial u}{\partial x}=e^x\cos y$ を解いて，$v=e^x\sin y+a$（a は任意の実定数）. (3) $f(z)=e^x(\cos y+i\sin y)+ia$.

第 2 章演習問題

[1] $|z_0|<\infty$ のとき，$f(z_0)=z_0{}^n$, また $\displaystyle\lim_{z\to z_0}z=z_0$ から，(2.3) を使えば $\displaystyle\lim_{z\to z_0}f(z)=z_0{}^n$. したがって $f(z_0)=\displaystyle\lim_{z\to z_0}f(z)$ となり，$f(z)$ は $|z|<\infty$ で連続である．また，連続関数の 1 次結合は連続だから，z の任意の多項式は $|z|<\infty$ で連続である．

[2] (1) $w_1=\dfrac{\alpha z_1+\beta}{\gamma z_1+\delta}$, $w_2=\dfrac{\alpha z_2+\beta}{\gamma z_2+\delta}$ とする．このとき $w_1-w_2=\dfrac{(\alpha\delta-\beta\gamma)(z_1-z_2)}{(\gamma z_1+\delta)(\gamma z_2+\delta)}$ となり $z_1\neq z_2$ ならば $w_1\neq w_2$. (2) $\beta=-\bar{\alpha}$, $\delta=-\bar{\gamma}$ ととれば，$w=\dfrac{\alpha z-\bar{\alpha}}{\gamma z-\bar{\gamma}}$, よって $\mathrm{Im}\,w=\dfrac{\mathrm{Im}(\alpha\bar{\gamma})(z\bar{z}-1)}{|\gamma z-\bar{\gamma}|^2}$. したがって $z\bar{z}=1$ のとき，$\mathrm{Im}\,w=0$. また仮定により $\mathrm{Im}\,\dfrac{\alpha}{\gamma}<0$ だから，$\mathrm{Im}\,\alpha\bar{\gamma}=\gamma\bar{\gamma}\,\mathrm{Im}\,\dfrac{\alpha}{\gamma}<0$. したがって $z\bar{z}<1$ のとき，$\mathrm{Im}\,w>0$ となる．よって z 平面の単位円 $|z|=1$ は w 平面の実軸に，その内部は上半面に対応する．

[3] (1) $x=r\cos\theta$, $y=r\sin\theta$ から，$\dfrac{\partial u}{\partial r}=\cos\theta\dfrac{\partial u}{\partial x}+\sin\theta\dfrac{\partial u}{\partial y}$, $\dfrac{\partial v}{\partial\theta}=-r\sin\theta\dfrac{\partial v}{\partial x}+r\cos\theta\dfrac{\partial v}{\partial y}$, ここでコーシー・リーマンの微分方程式を使えば $\dfrac{\partial u}{\partial r}=\cos\theta\dfrac{\partial v}{\partial y}-\sin\theta\dfrac{\partial v}{\partial x}=\dfrac{1}{r}\dfrac{\partial v}{\partial\theta}$ となる．v についても同様． (2) $\dfrac{\partial^2 v}{\partial r\partial\theta}=r\dfrac{\partial^2 u}{\partial r^2}+\dfrac{\partial u}{\partial r}$, $\dfrac{\partial^2 v}{\partial\theta\partial r}=-\dfrac{1}{r}\dfrac{\partial^2 u}{\partial\theta^2}$ より，$\dfrac{\partial^2 u}{\partial r^2}+\dfrac{1}{r}\dfrac{\partial u}{\partial r}+\dfrac{1}{r^2}\dfrac{\partial^2 u}{\partial\theta^2}=0$. v も同様．

152 —————— 問 題 略 解

[4] u は調和関数だから，$\dfrac{\partial^2 u}{\partial x^2}+\dfrac{\partial^2 u}{\partial y^2}=2(3+a)x+6(1+b)y=0$. これから $a=-3$, $b=-1$. 故に $u=x^3+3x^2y-3xy^2-y^3$ となる. v はコーシー・リーマンの微分方程式 $\dfrac{\partial v}{\partial x}=-\dfrac{\partial u}{\partial y}=-3x^2+6xy+3y^2$, $\dfrac{\partial v}{\partial y}=\dfrac{\partial u}{\partial x}=3x^2+6xy-3y^2$ をみたすから，これを積分して $v=-x^3+3x^2y+3xy^2-y^3+c$. したがって $f=u+iv=(1-i)z^3+ic$. ただし c は任意の実定数.

[5] (1) $f'(z)=\dfrac{\partial u}{\partial x}+i\dfrac{\partial v}{\partial x}=0$ から $\dfrac{\partial u}{\partial x}=0$, $\dfrac{\partial v}{\partial x}=0$. またコーシー・リーマンの微分方程式から $\dfrac{\partial u}{\partial y}=-\dfrac{\partial v}{\partial x}=0$, $\dfrac{\partial v}{\partial y}=\dfrac{\partial u}{\partial x}=0$. したがって u と v は x,y によらない定数である. (2) $|f(z)|^2=u^2+v^2=c^2\,(\neq 0)$, 故に $u\dfrac{\partial u}{\partial x}+v\dfrac{\partial v}{\partial x}=0$, $u\dfrac{\partial u}{\partial y}+v\dfrac{\partial v}{\partial y}=0$. コーシー・リーマンの微分方程式から，$u\dfrac{\partial u}{\partial y}+v\dfrac{\partial v}{\partial y}=v\dfrac{\partial u}{\partial x}-u\dfrac{\partial v}{\partial x}=0$. よって $\dfrac{\partial u}{\partial x}=0$, $\dfrac{\partial v}{\partial x}=0$, $\dfrac{\partial u}{\partial y}=0$, $\dfrac{\partial v}{\partial y}=0$ となるから，f は定数である.

第 3 章

問題 3-1

1. (1) 零点 $z=\pm i$, 極 $z=0$. (2) 零点 $z=0$, 極 $z=\pm i$. (3) 零点 $z=0$, $z=1$, 極 $z=\pm i$. (4) 零点 $z=0$, 極 $z=\pm 1$.

問題 3-2

1. 実部 $u=e^{-y}\cos x$, 虚部 $v=e^{-y}\sin x$, $\dfrac{de^{iz}}{dz}=\dfrac{\partial u}{\partial x}+i\dfrac{\partial v}{\partial x}=ie^{iz}$.

問題 3-3

1. $\cos z$ の実部 $\cos x\cosh y$, 虚部 $-\sin x\sinh y$. $\sin z$ の実部 $\sin x\cosh y$, 虚部 $\cos x\sinh y$.

2. $\cos i=\dfrac{e+e^{-1}}{2}>\sqrt{ee^{-1}}=1$, 故に $|\cos i|>1$.

問題 3-4

1. (1) $2i$. (2) 1. (3) -1. (4) $\dfrac{1}{2}$.

問 題 略 解 ——— 153

第3章演習問題

[1] (1) $\dfrac{1}{\sqrt{2}}(1+i)$.   (2) ie^2.   (3) $\dfrac{e-e^{-1}}{2i}$.   (4) $-\dfrac{e+e^{-1}}{2}$.   (5) $\dfrac{\sqrt{2}}{2}i$.

(6) $\dfrac{\sqrt{3}}{2}$.

[2] (1) $u=x\left(1+\dfrac{1}{x^2+y^2}\right)$, $v=y\left(1-\dfrac{1}{x^2+y^2}\right)$.   (2) $u=e^{-y}\{(x^2-y^2)\cos x$

$-2xy\sin x\}$, $v=e^{-y}\{(x^2-y^2)\sin x+2xy\cos x\}$.   (3) $u=\dfrac{\sin x\cos x}{\cos^2 x+\sinh^2 y}$,

$v=\dfrac{\sinh y\cosh y}{\cos^2 x+\sinh^2 y}$.   (4) $u=\dfrac{\sinh x\cosh x}{\sinh^2 x+\sin^2 y}$, $v=-\dfrac{\sin y\cos y}{\sinh^2 x+\sin^2 y}$.

[3] $|\sin z|^2=\sin^2 x\cosh^2 y+\cos^2 x\sinh^2 y=\sin^2 x(1+\sinh^2 y)+(1-\sin^2 x)\sinh^2 y=\sin^2 x$
$+\sinh^2 y$, 他の式も同様.

[4] $u=e^{xy}\cos\dfrac{x^2-y^2}{2}$ だから, $\dfrac{\partial u}{\partial x}=e^{xy}\left(y\cos\dfrac{x^2-y^2}{2}-x\sin\dfrac{x^2-y^2}{2}\right)$, $\dfrac{\partial^2 u}{\partial x^2}$
$=e^{xy}\left\{(y^2-x^2)\cos\dfrac{x^2-y^2}{2}-(1+2xy)\sin\dfrac{x^2-y^2}{2}\right\}$, $\dfrac{\partial u}{\partial y}=e^{xy}\left(x\cos\dfrac{x^2-y^2}{2}+y\sin\right.$
$\left.\dfrac{x^2-y^2}{2}\right)$, $\dfrac{\partial^2 u}{\partial y^2}=e^{xy}\left\{(x^2-y^2)\cos\dfrac{x^2-y^2}{2}+(2xy+1)\sin\dfrac{x^2-y^2}{2}\right\}$ から, $\left(\dfrac{\partial^2 u}{\partial x^2}+\dfrac{\partial^2 u}{\partial y^2}\right)$
$=0$ となる. よって u は調和関数である. 次にコーシー・リーマンの方程式を積分して,
$\mathrm{Im}\,f(z)=-e^{xy}\sin\dfrac{x^2-y^2}{2}$ が得られる. したがって求める正則関数 $f(z)$ は, $f(z)=$
$e^{xy}\left(\cos\dfrac{x^2-y^2}{2}-i\sin\dfrac{x^2-y^2}{2}\right)=e^{-iz^2/2}$ となる.

[5] (1) $e^z=e^x(\cos y+i\sin y)$ から, $\overline{(e^z)}=e^x(\cos y-i\sin y)=e^{x-iy}=e^{\bar z}$. 他も同様.

[6] ド・ロピタルの公式を使う. (1) $\dfrac{1}{2i}$.   (2) $\dfrac{1}{6}$.   (3) -1.   (4) -1.

第 4 章

問題 4-1

1. C は, $z=t\ (0\leqq t<1)$; $z=1+i(t-1)\ (1\leqq t<2)$; $z=(1+i)(3-t)\ (2\leqq t<3)$ で与
えられるから, 与えられた周回積分は, (1) 0,   (2) i,   (3) 0.

2. $\displaystyle\int_C z\,dz=-1$, $\displaystyle\int_C |z||dz|=\dfrac{\pi}{2}$ から, 不等式 $\left|\displaystyle\int_C z\,dz\right|<\displaystyle\int_C |z||dz|$ が成り立つ.

問題略解

問題 4-2

1. $\oint_C \sin z \, dz = \int_0^1 \sin t \, dt + i \int_1^2 \sin\{1+(t-1)i\} \, dt - \int_2^3 \sin\{1+i-(t-2)\} \, dt - i \int_3^4 \sin\{i-(t-3)i\} \, dt = 0$.

2. $\oint_{C_1} \dfrac{dz}{z} + \oint_{C_2} \dfrac{dz}{z} = \int_{2\pi}^0 \dfrac{ir_1 e^{i\theta_1}}{r_1 e^{i\theta_1}} d\theta_1 + \int_0^{2\pi} \dfrac{ir_2 e^{i\theta_2}}{r_2 e^{i\theta_2}} d\theta_2 = -2\pi i + 2\pi i = 0$.

問題 4-3

1. (1) $\oint_C \dfrac{dz}{z^2+1} = \dfrac{1}{2i} \oint_C \dfrac{dz}{z-i} - \dfrac{1}{2i} \oint_C \dfrac{dz}{z+i} = \dfrac{1}{2i}(2\pi i - 2\pi i) = 0$.   (2) $\oint_C \dfrac{z \, dz}{z^2+1}$
$= \dfrac{1}{2} \oint_C \dfrac{dz}{z-i} + \dfrac{1}{2} \oint_C \dfrac{dz}{z+i} = 2\pi i$.

2. (1) $\dfrac{2}{3}(-1+i)$.   (2) $-\dfrac{7}{3}i$.   (3) $-1+i$.   (4) $i \sinh \pi$.

第 4 章演習問題

[1] (1) 図 [1] を参照. (2) (i) $\oint_C z \, dz = 0$, (ii) $\oint_C z^2 \, dz = 0$. C 上と C の内部で z, z^2 は正則. したがって与えられた関数の周回積分に対してコーシーの定理が成り立つ.

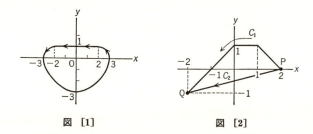

図 [1]　　　　　図 [2]

[2] (1) 図 [2] を参照. (2) (i) $\int_{C_1} e^z \, dz = (i-1) \int_0^1 e^{2-(1-i)t} \, dt - \int_1^2 e^{2+i-t} \, dt -$
$2(1+i) \int_2^3 e^{4+5i-2(1+i)t} \, dt = e^{-2-i} - e^2$, (ii) $\int_{C_2} e^z \, dz = -\dfrac{3}{4+i} \int_0^3 e^{2-(4+i)t/3} \, dt = e^{-2-i} - e^2$.
(3) $\int_P^Q e^z \, dz = e^z \Big|_P^Q = e^{-2-i} - e^2$.

[3] e^{iaz} は $|z| < \infty$ で正則だから, 与えられた周回積分は零となる. C 上では $z = re^{i\theta}$ とおけるから, この周回積分は, $0 = \oint_C e^{iaz} \, dz = ir \int_0^{2\pi} e^{-ar \sin \theta} \{\cos(\theta + ar \cos \theta) + i \sin$

$(\theta + ar\cos\theta)\} d\theta$ となる．この式の実部と虚部から，求める式が得られる．

[4] (1) 右図を参照． (2) C_1, C_2, C_3 に囲まれた領域で，$\dfrac{1}{z-i}$ は正則．よって (4.13) から，$\oint_{C_1+C_2}\dfrac{dz}{z-i}-\oint_{C_3}\dfrac{dz}{z-i}=0$．故に与えられた等式が成り立つ． (3) $\int_{C_2}\dfrac{dz}{z-i}=\dfrac{2}{3}\pi i$, $\oint_{C_3}\dfrac{dz}{z-i}=2\pi i$． (4) $\int_{C_1}\dfrac{dz}{z-i}=\dfrac{4}{3}\pi i$．

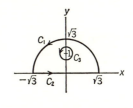

第 5 章

問題 5-1

1. (1) $\oint_C\dfrac{z^2+1}{z(z-2i)}dz=2\pi i\left[\dfrac{z^2+1}{z-2i}\right]_{z=0}=-\pi$． (2) $\oint_C\dfrac{e^z}{z}dz=2\pi i[e^z]_{z=0}=2\pi i$．

問題 5-2

1. $\oint_C\dfrac{ze^z}{(z+i\pi/2)^2}dz=2\pi i\lim_{z\to -i\pi/2}\dfrac{d}{dz}(ze^z)=2\pi\left(1-\dfrac{\pi}{2}i\right)$．

問題 5-3

1. $|f(z)|$ は，領域 $|z|\leq 1$ では領域の境界 $|z|=1$ で最大値および最小値をもつ．$|z|=1$ では $z=e^{i\theta}$ とおけるから，$|f(z)|=|(z-1)^2|=2(1-\cos\theta)$ となる．したがって $|f(z)|$ は，$\theta=\pi\ (z=-1)$ のとき最大値 4，$\theta=0\ (z=1)$ のとき最小値 0 をもつ．

問題 5-4

1. (1) -1． (2) $2-\pi i$． (3) π．
2. (1) 0． (2) -1． (3) 0．

問題 5-5

1. (1) $\displaystyle\int_0^{2\pi}\dfrac{\sin\theta}{5-4\cos\theta}d\theta=\dfrac{1}{2}\oint_C\dfrac{z^2-1}{z(2z-1)(z-2)}dz$ となり，被積分関数は $z=0, 1/2, 2$ で 1 位の極をもつ．このうち単位円の内部にあるのは $z=0, 1/2$ で，そこでの留数はそれぞれ $-1/2, 1/2$ だから，求める定積分の値は 0 になる． (2) 被積分関数は上

半面に, 1 位の極 $z=e^{i\pi/4}$, $e^{3i\pi/4}$ をもつ. したがって, 求める定積分は $2\pi i\{\operatorname{Res} f(e^{i\pi/4})$ $+\operatorname{Res} f(e^{3i\pi/4})\}=\dfrac{\sqrt{2}}{2}\pi$ となる.

第5章演習問題

[1]　(1)　0.　　(2)　$4\pi i$.　　(3)　$\dfrac{4}{9}\pi^2 i$.　　(4)　$\dfrac{2\pi}{n!}i^{n+1}$.

[2]　$a_0=1$, $a_1=0$, $a_2=2$.

[3]　(1)　$\dfrac{1}{2\pi i}\displaystyle\oint_C\dfrac{e^{zt}}{z^2+1}dz=-\dfrac{1}{4\pi}\oint_C\left(\dfrac{e^{zt}}{z-i}-\dfrac{e^{zt}}{z+i}\right)dz=-\dfrac{i}{2}(e^{it}-e^{-it})=\sin t.$

(2)　$\dfrac{1}{2\pi i}\displaystyle\oint_C\dfrac{ze^{zt}}{z^2+1}dz=\dfrac{1}{4\pi i}\oint_C\left(\dfrac{e^{zt}}{z-i}+\dfrac{e^{zt}}{z+i}\right)dz=\dfrac{1}{2}(e^{it}+e^{-it})=\cos t.$

[4]　(1)　$\operatorname{Res}\left[\dfrac{z}{\sin z}\right]_{z=0}=0$, $\operatorname{Res}\left[\dfrac{z}{\sin z}\right]_{z=n\pi}=(-1)^n n\pi$.　　(2)　$\operatorname{Res}\left[\dfrac{1}{z\sin z}\right]_{z=0}$

$=0$, $\operatorname{Res}\left[\dfrac{1}{z\sin z}\right]_{z=n\pi}=\dfrac{(-1)^n}{n\pi}$.　　(3)　$\operatorname{Res}\left[\tan z\right]_{z=(n+1/2)\pi}=-1$.

(4)　$\operatorname{Res}\left[\dfrac{1}{(1+z^2)^2}\right]_{z=\pm i}=\mp\dfrac{i}{4}$.　　(5)　$\operatorname{Res}\left[\dfrac{\sin z}{(z^2-\pi^2)^2}\right]_{z=\pm\pi}=-\dfrac{1}{4\pi^2}$.

(6)　$\operatorname{Res}\left[\dfrac{1}{(z-\alpha)^m(z-\beta)^n}\right]_{z=\alpha}=\dfrac{(-1)^{m-1}(n+m-2)!}{(m-1)!(n-1)!(\alpha-\beta)^{n+m-1}}$.

[5]　(1)　0.　　(2)　0.　　(3)　$-\dfrac{i}{2\pi}$.　　(4)　$\dfrac{8i}{\pi^2}$.　　(5)　$\dfrac{2\pi i}{3!}e^\pi$.

(6)　$\dfrac{2\pi i(-1)^{n-1}(n+m-2)!}{(m-1)!(n-1)!(\beta-\alpha)^{n+m-1}}$.　　(7)　$2\pi i$.　　(8)　$2n\pi i$.

[6]　(1)　$f'(z)=f(z)\left(\dfrac{n_1}{z-\beta_1}+\dfrac{n_2}{z-\beta_2}-\dfrac{m_1}{z-\alpha_1}-\dfrac{m_2}{z-\alpha_2}\right)$ から, 求める式が得られる.　　(2)　$\dfrac{f'(z)}{f(z)}$ は $z=\alpha_1,\alpha_2,\beta_1,\beta_2$ に 1 位の極をもつ. ここで留数定理を使えば与えられた周回積分の値が得られる.　　(3)　$\dfrac{f'(z)}{f(z)}=\displaystyle\sum_{i=1}^l\dfrac{n_i}{z-\beta_i}-\sum_{j=1}^k\dfrac{m_j}{z-\alpha_j}$ から, 上と同様にして与えられた式が成り立つことが示される.

第 6 章

問題 6-1

1. 収束半径を r としたとき, (1)　$r=2$,　　(2)　$r=1$.

問題 6-2

問 題 略 解 ——— 157

1. (1) $f^{(n)}(3)=n!\left(-\dfrac{1}{2}\right)^{n+1}$. 故に求めるテイラー展開は, $f(z)=\sum_{n=0}^{\infty}\left(-\dfrac{1}{2}\right)^{n+1}\cdot$ $(z-3)^n$. (2) $\cos^{(2n)}\pi=(-1)^{n+1}$, $\cos^{(2n+1)}\pi=0$. 故に求めるテイラー展開は $\cos z=$ $\sum_{n=0}^{\infty}\dfrac{(-1)^{n+1}}{(2n)!}(z-\pi)^{2n}$.

問題 6–3

1. (1) $n+2\leqq0$ のとき $a_n=0$, $n+1\geqq0$ のとき $a_n=(n+2)$, 故に $\dfrac{1}{z(1-z)^2}=\sum_{n=-1}^{\infty}$ $(n+2)z^n$. (2) $n+3\leqq0$ のとき $a_n=0$, $n+2\geqq0$ のとき $a_n=\dfrac{1}{(n+2)!}$, 故に $\dfrac{e^z}{z^2}=\sum_{n=-2}^{\infty}$ $\dfrac{z^n}{(n+2)!}$.

第6章演習問題

[1] $f^{(k)}(z)=\dfrac{m!}{(m-k)!}(z-\alpha)^{m-k}$, $k\leqq m$; $f^{(k)}(z)=0$, $k>m$ により, (1) $f(z)=$ $\sum_{k=0}^{m}\dfrac{1}{k!}f^{(k)}(0)z_k=\sum_{k=0}^{m}\dfrac{m!}{k!(m-k)!}(-\alpha)^{m-k}z^k$. (2) $f(z)=\sum_{k=0}^{m}\dfrac{m!}{k!(m-k)!}(\beta-\alpha)^{m-k}\cdot$ $(z-\beta)^k$.

[2] $f^{(k)}(z)=\dfrac{(-1)^k(m+k-1)!}{(m-1)!(z-\alpha)^{m+k}}$ から, (1) $f(z)=\sum_{k=0}^{\infty}\dfrac{f^{(k)}(0)}{k!}z^k=\dfrac{(-1)^m}{\alpha^m(m-1)!}\cdot$ $\sum_{k=0}^{\infty}\dfrac{(m+k-1)!}{k!}\left(\dfrac{z}{\alpha}\right)^k$. (2) $f(z)=\dfrac{1}{(m-1)!}\sum_{k=0}^{\infty}\dfrac{(-1)^k(m+k-1)!}{k!(\beta-\alpha)^{m+k}}(z-\beta)^k$. 収束半径は, (1) $|\alpha|$, (2) $|\beta-\alpha|$.

[3] $f^{(2n+1)}(z)=\cosh z$, $f^{(2n)}(z)=\sinh z$ から, $f(z)=\sum_{m=0}^{\infty}\dfrac{1}{(2n+1)!}z^{2n+1}$

[4] (1) $a_n=\dfrac{1}{2\pi i}\oint_C\dfrac{dw}{(w-i)^{n+2}(w+i)}$ から, $n+2\leqq0$ のとき $a_n=0$, $n=-1$ のとき $a_{-1}=\dfrac{1}{2i}$. したがって主要部は $\dfrac{1}{2i}\dfrac{1}{z-i}$. (2) $a_n=\dfrac{1}{2\pi i}\oint_C\dfrac{w-\pi/2}{\cos w}\dfrac{\sin w dw}{(w-\pi/2)^{n+2}}$ から, $n+2\leqq0$ のとき $a_n=0$, $n=-1$ のとき $a_{-1}=-1$. よって主要部は $\dfrac{-1}{z-\pi/2}$.

[5] (1) $\dfrac{1}{r}=\lim_{n\to\infty}\left|\dfrac{2}{2-i}\right|$, 故に $r=\dfrac{\sqrt{5}}{2}$. (2) $\left|z-\dfrac{i}{2}\right|<\dfrac{\sqrt{5}}{2}$ のとき, $f(z)=$ $\dfrac{1}{1-z}$ となり, この領域では $f(z)$ は $g(z)$ に一致することがわかる.

158 ─── 問 題 略 解

第 7 章

問題 7-1

1. 与えられた関数は，$z=\pm1$，$z=\pm i$ に分岐点をもつ．ここで分岐点と分岐点を結び，互いに交わらない曲線にそって z 平面を切断すればよい．

問題 7-2

1. k を任意の整数としたとき，(1) $w=\log a+2k\pi i$，(2) $w=\log a+(2k+1)\pi i$．

問題 7-3

1. k を任意の整数としたとき，(1) $k\pi$，(2) $\left(\dfrac{1}{2}+k\right)\pi$，(3) $2k\pi i$，

(4) $e^{-2k\pi}$．

第7章演習問題

[1] k を任意の整数とすれば，(1) $\dfrac{1}{2}\log 2+\left(2k+\dfrac{1}{4}\right)\pi i$，(2) $\left(2k+\dfrac{1}{2}\right)\pi i$，

(3) $\left(k+\dfrac{1}{4}\right)\pi$，(4) $\left(k+\dfrac{3}{4}\right)\pi i$，(5) $\left(\dfrac{5}{6}+k\right)\pi i$，(6) $e^{-(2k+1/2)\pi}$．

[2] 与えられた関数は，領域 $|z|<\infty$ で分岐点 $z=0$，$\pm i$ をもつ．いま虚軸にそって $z=i$ と $z=0$ を結ぶ線分と，$z=-i$ を端点とし虚軸の負の方向にのびる半直線にそって z 平面を切断すればよい．

[3] (1) $\dfrac{1}{\sqrt{1-z^2}}$． (2) $\dfrac{-1}{\sqrt{1-z^2}}$． (3) $\dfrac{1}{1+z^2}$． (4) $\dfrac{1}{\sqrt{1+z^2}}$．

(5) $\dfrac{1}{\sqrt{z^2-1}}$． (6) $\alpha z^{\alpha-1}$．

[4] (1) $\sin^{-1}z=k\pi+(-1)^k\displaystyle\sum_{n=1}^{\infty}\dfrac{1^2\cdot3^2\cdots\cdots(2n-1)^2}{(2n+1)!}z^{2n+1}$． (2) $\tan^{-1}z=k\pi+\displaystyle\sum_{n=1}^{\infty}$

$\dfrac{(-1)^n}{2n+1}z^{2n+1}$ $(k=0,\pm1,\pm2,\cdots)$． (3) $(1+z)^{\alpha}=e^{2k\alpha\pi i}\displaystyle\sum_{n=0}^{\infty}\dfrac{\alpha(\alpha-1)\cdots(\alpha-n+1)}{n!}z^n$．

[5] (1) 留数定理により，$\displaystyle\oint_C\dfrac{\log(z+i)}{z^2+1}dz=2\pi i\,\mathrm{Res}\,\dfrac{\log(z+i)}{z^2+1}\Big|_{z=i}=2\pi i\lim_{z\to i}$

問題略解 —— 159

$$\frac{\log(z+i)}{z+i} = \pi \log 2i. \quad (2) \quad \text{周回積分は} \oint_C \frac{\log(z+i)}{z^2+1}\,dz = \int_{-R}^{R} \frac{\log(x+i)}{x^2+1}\,dx + \int_{\Gamma}$$

$\dfrac{\log(z+i)}{z^2+1}\,dz$ と書ける. $R \to \infty$ で Γ 上の積分は 0 となるから, $\displaystyle\int_{-\infty}^{\infty} \frac{\log(x+i)}{x^2+1}\,dx =$

$\pi \log 2i$. 対数は主値をとることにすれば, $\log 2i = \log 2 + \dfrac{\pi}{2}\,i$, $\log(x+i) = \dfrac{1}{2}\log$

$(x^2+1) + i\arg(x+i)$, $\log(i-x) = \dfrac{1}{2}\log(x^2+1) + i\{\pi - \arg(x+i)\}$, また $\displaystyle\int_0^{\infty} \frac{dx}{x^2+1}$

$= \dfrac{\pi}{2}$ これらを代入すれば, $\displaystyle\int_0^{\infty} \frac{\log(x^2+1)}{x^2+1}\,dx = \pi \log 2$ が得られる.

第 8 章

問題 8-1

1. $f(z)=z$ のとき, $u=x$, $v=y$. よって $E_x = -\dfrac{\partial u}{\partial x} = -1$, $E_y = -\dfrac{\partial u}{\partial y} = 0$. $f(z) =$

$q\log z = q(\log r + i\theta)$ のとき, $u = q\log r$, $v = q\theta$. よって $E_x = -\dfrac{\partial u}{\partial x} = -q\dfrac{x}{r^2}$, $E_y =$

$-\dfrac{\partial u}{\partial y} = -q\dfrac{y}{r^2}$ となる.

問題 8-2

1. (8.10) で $f(z)=z$ のとき,

$$r(\cos\theta + i\sin\theta) = \frac{R^2-r^2}{2\pi}\int_0^{2\pi} \frac{R(\cos\phi + i\sin\phi)}{R^2+r^2-2Rr\cos(\theta-\phi)}\,d\phi$$

となる. ここで $r=1$, $R=2$ とおいて, 両辺の実部と虚部をとれば, 求める積分は

$$\frac{3}{\pi}\int_0^{2\pi} \frac{\cos\phi}{5-4\cos(\theta-\phi)}\,d\phi = \cos\theta, \quad \frac{3}{\pi}\int_0^{2\pi} \frac{\sin\phi}{5-4\cos(\theta-\phi)}\,d\phi = \sin\theta$$

となることがわかる.

問題 8-3

1. (8.18) から

$$\frac{\partial u}{\partial x} = \frac{y}{\pi}\int_{-\infty}^{\infty} \frac{2(\xi-x)u(\xi,0)}{\{(\xi-x)^2+y^2\}^2}\,d\xi$$

$$\frac{\partial^2 u}{\partial x^2} = \frac{y}{\pi}\int_{-\infty}^{\infty} \left[\frac{-2}{\{(\xi-x)^2+y^2\}^2} + \frac{8(\xi-x)^2}{\{(\xi-x)^2+y^2\}^3}\right]u(\xi,0)\,d\xi$$

160 —— 問 題 略 解

同様にして

$$\frac{\partial^2 u}{\partial y^2} = \frac{y}{\pi} \int_{-\infty}^{\infty} \left[\frac{-6}{\{(\xi-x)^2+y^2\}^2} + \frac{8y^2}{\{(\xi-x)^2+y^2\}^3} \right] u(\xi,0) d\xi$$

よって u はラプラスの方程式をみたす. v についても同様.

問題 8-4

1. $\chi(x,y)=\phi(u(x,y),v(x,y))$ を x で微分すれば,

$$\frac{\partial \chi}{\partial x} = \frac{\partial u}{\partial x}\frac{\partial \phi}{\partial u} + \frac{\partial v}{\partial x}\frac{\partial \phi}{\partial v},$$

$$\frac{\partial^2 \chi}{\partial x^2} = \frac{\partial^2 u}{\partial x^2}\frac{\partial \phi}{\partial u} + \frac{\partial^2 v}{\partial x^2}\frac{\partial \phi}{\partial v} + \left(\frac{\partial u}{\partial x}\right)^2\frac{\partial^2 \phi}{\partial u^2} + \left(\frac{\partial v}{\partial x}\right)^2\frac{\partial^2 \phi}{\partial v^2} + 2\frac{\partial u}{\partial x}\frac{\partial v}{\partial x}\frac{\partial^2 \phi}{\partial u \partial v}$$

となる. 同様にして

$$\frac{\partial^2 \chi}{\partial y^2} = \frac{\partial^2 u}{\partial y^2}\frac{\partial \phi}{\partial u} + \frac{\partial^2 v}{\partial y^2}\frac{\partial \phi}{\partial v} + \left(\frac{\partial u}{\partial y}\right)^2\frac{\partial^2 \phi}{\partial u^2} + \left(\frac{\partial v}{\partial y}\right)^2\frac{\partial^2 \phi}{\partial v^2} + 2\frac{\partial u}{\partial y}\frac{\partial v}{\partial y}\frac{\partial^2 \phi}{\partial u \partial v}$$

よって

$$\frac{\partial^2 \chi}{\partial x^2} + \frac{\partial^2 \chi}{\partial y^2} = \left(\frac{\partial^2 u}{\partial x^2} + \frac{\partial^2 u}{\partial y^2}\right)\frac{\partial \phi}{\partial u} + \left(\frac{\partial^2 v}{\partial x^2} + \frac{\partial^2 v}{\partial y^2}\right)\frac{\partial \phi}{\partial v}$$

$$+ 2\left(\frac{\partial u}{\partial x}\frac{\partial v}{\partial x} + \frac{\partial u}{\partial y}\frac{\partial v}{\partial y}\right)\frac{\partial^2 \phi}{\partial u \partial v} + \left\{\left(\frac{\partial u}{\partial x}\right)^2 + \left(\frac{\partial u}{\partial y}\right)^2\right\}\frac{\partial^2 \phi}{\partial u^2}$$

$$+ \left\{\left(\frac{\partial v}{\partial x}\right)^2 + \left(\frac{\partial v}{\partial y}\right)^2\right\}\frac{\partial^2 \phi}{\partial v^2}$$

となる. ここで u,v は正則関数 $f(z)$ の実部と虚部だから, コーシー・リーマンの微分方程式(したがってラプラスの方程式)をみたすので, 次の関係式

$$|f'(z)|^2 = \left(\frac{\partial u}{\partial x}\right)^2 + \left(\frac{\partial v}{\partial x}\right)^2 = \left(\frac{\partial u}{\partial x}\right)^2 + \left(\frac{\partial u}{\partial y}\right)^2 = \left(\frac{\partial v}{\partial x}\right)^2 + \left(\frac{\partial v}{\partial y}\right)^2$$

$$\frac{\partial u}{\partial x}\frac{\partial v}{\partial x} + \frac{\partial u}{\partial y}\frac{\partial v}{\partial y} = 0$$

が成り立つ. この結果を代入すれば

$$\frac{\partial^2 \chi}{\partial x^2} + \frac{\partial^2 \chi}{\partial y^2} = |f'(z)|^2\left(\frac{\partial^2 \phi}{\partial u^2} + \frac{\partial^2 \phi}{\partial v^2}\right)$$

となり, 求める式が得られる.

問題 8-5

1. 各変換で z 平面上の長方形の 4 頂点が, w 平面のどこに写像されるかをみればよ

い.

2. $w=\sin az=\sin ax\cosh ay+i\cos ax\sinh ay$ より, $u=\sin ax\cosh ay$, $v=\cos ax\sinh ay$ となる. よって $-\dfrac{\pi}{2a}<x<\dfrac{\pi}{2a}$, $0<y$ では常に $v>0$ となり, 与えられた領域は w 平面の上半面に写像される.

第8章演習問題

[1] (1) $f(z)=z^2=(x+iy)^2=x^2-y^2+2ixy$ より, $u=x^2-y^2$, $v=2xy$, 等ポテンシャル線 $u=x^2-y^2=\text{const.}$, 流線 $v=2xy=\text{const.}$ (2) $f(z)=z+\dfrac{1}{z}=\left(r+\dfrac{1}{r}\right)\cos\theta+i\left(r-\dfrac{1}{r}\right)\sin\theta$ より, 等ポテンシャル線 $u=\left(r+\dfrac{1}{r}\right)\cos\theta=\text{const.}$, 流線 $v=\left(r-\dfrac{1}{r}\right)\sin\theta=\text{const.}$

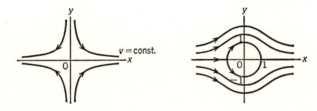

[2] $w=i\dfrac{z-i}{z+i}$.

[3] $w=\cosh z=\cosh x\cos y+i\sinh x\sin y$ より, $u=\cosh x\cos y$, $v=\sinh x\sin y$ となる. したがって $z=0$ は $w=1$, $z=i\pi$ は $w=-1$ に写像される. また, $x>0$, $\pi>y>0$ では, $v>0$ となる. よって与えられた領域は, w 平面の上半面に写像される.

[4] 上の [3] で示したように, z 平面の半無限帯状領域は, $w=\cosh z$ によって w 平面の上半面に等角写像される. w 平面での境界条件は, 実軸上の線分 $|u|\leqq 1$ 上で $T=T_0$, 実軸上のその他の部分で $T=0$ となる. 公式 (8.18) を使えば, 上の境界条件をみたす調和関数 $T(u,v)$ は

$$T(u,v)=\dfrac{v}{\pi}\int_{-1}^{1}\dfrac{T_0}{(\xi-u)^2+v^2}d\xi=\dfrac{T_0}{\pi}\tan^{-1}\dfrac{2v}{u^2+v^2-1}$$

となる. ここで $u=\cosh x\cos y$, $v=\sinh x\sin y$ を代入すれば, 求める解 $T(x,y)$

$$T(x,y)=\dfrac{T_0}{\pi}\tan^{-1}\dfrac{2\sinh x\sin y}{\sinh^2 x-\sin^2 y}$$

が得られる.

索引

ア 行

アーベル N. H. Abel　　37
1次分数変換　　36, 137
1価関数　　22
一般のベキ関数　　115
渦無し　　125
n乗根　　14
オイラー L. Euler　　91
　──の公式　　15

カ 行

解析関数　　29
解析接続　　105
解析力学　　50
階段関数　　88
ガウス C. F. Gauss　　1, 37
ガウス平面　　9
カルダノ G. Cardano　　6
ガロア E. Galois　　37
完全流体　　125
幾何学的表示　　20
逆三角関数　　114
逆双曲線関数　　114

境界条件　　122
境界値問題　　122, 134
共役な調和関数　　35
共役複素数　　7
極　　41
極形式　　12
極限値　　22
極表示　　12
虚(数)軸　　9
虚数単位　　3
虚部　　3
グラスマン数　　143
グルサーの公式　　75
原始関数　　65
項別積分可能　　94
項別微分可能　　94
コーシー A. L. Cauchy　　51, 93
　──の積分公式　　72, 76
　──の積分定理　　57, 60
コーシー・リーマンの微分方程式　　**33**

サ 行

最大値および最小値の定理　　77
三角関数　　44

164 —— 索　引

三角不等式　　10
4元数　　50
指数関数　　42
自然数　　2
四則演算　　5
実数　　3
実(数)軸　　9
実定積分　　83
実部　　3
周回積分　　54, 64
周期　　43
周期関数　　43
収束　　94
収束円　　95
収束半径　　95
従属変数　　20
重力ポテンシャル　　35
ジューコウスキー変換　　138
主値　　108
主要部　　103
純虚数　　3
除去可能な不連続点　　25
初等関数　　99
ジョルダンの補助定理　　87
真性特異点　　42
整数　　2
正則　　28
正則関数　　28, 76, 97
静電気　　126
静電ポテンシャル　　35
正の向き　　54
積分表示　　88
積分路　　52, 63
絶対値　　7
切断　　108
z平面　　20
双曲線関数　　45
速度ポテンシャル　　35, 125

タ　行

代数学の基本定理　　4, 40, 77
対数関数　　111
対数分岐点　　112
代数分岐点　　112
多価関数　　22, 107
　——の積分　　115
多元数　　50
多項式　　40
多重連結領域　　61
w平面　　20
タルタリア N. Tartaglia　　6
単一閉曲線　　54
単純極　　42
単連結領域　　61
値域　　20
調和関数　　35
定義域　　20
テイラー級数　　28, 98
テイラー展開　　28, 98
電束線　　126
等角写像　　31, 134
導関数　　28, 74
等ポテンシャル線　　125
特異点　　28
独立変数　　20
ド・モアブルの公式　　13
ド・ロピタルの公式　　47

ナ　行

流れの関数　　125
2価関数　　108
2元数　　50
2次元的　　125
2重連結　　61

ハ　行

8元数　　50

索　引 —— 165

ハミルトン W. R. Hamilton　50
微分可能　28
微分係数　28
フェラリー L. Ferrari　6
複素インピーダンス　106
複素関数　20
複素数　3
複素積分　52
複素速度ポテンシャル　125
複素平面　9
不定形　47
不定積分　65
分岐点　108
分枝　108
分数ベキ関数　108
閉曲線　54
ベキ関数　115
ベキ級数　94
偏角　12
ポアッソンの積分公式
　　上半面に対する——　132
　　円に対する——　128
ポテンシャル問題　35, 121

マ　行

マクローリン展開　98

無限遠点　69
無限級数　94
無限多価関数　111
無理数　3
メービウス変換　36

ヤ　行

有界　76
有理関数　41
有理数　2
4元数　50

ラ　行

ラプラス方程式　35
リーマン球面　69
リーマン面　110
リューヴィルの定理　76
留数　79
留数定理　78, 81
流線　125
流体力学　35, 125
領域　11
零点　41
連続　24
連続関数　24
ローラン展開　102

表　実

1943年福井県に生まれる．慶應義塾大学名
誉教授．1971年東京教育大学大学院理学研
究科博士課程修了．筑波大学物理学系講師，
慶應義塾大学教授を経て2009年3月慶應義
塾大学定年退職，2009年4月〜2011年3月
東北公益文科大学副学長．理学博士．専攻は
素粒子理論，一般相対性理論．

理工系の数学入門コース 新装版
複素関数

1988 年 12 月 8 日	初版第 1 刷発行
2018 年 8 月 24 日	初版第 36 刷発行
2019 年 11 月 14 日	新装版第 1 刷発行
2023 年 8 月 17 日	新装版第 4 刷発行

著　者　表　　実

発行者　坂本政謙

発行所　株式会社 岩波書店
〒101-8002 東京都千代田区一ツ橋 2-5-5
電話案内 03-5210-4000
https://www.iwanami.co.jp/

印刷・理想社　表紙・精興社　製本・松岳社

© Minoru Omote 2019
ISBN 978-4-00-029887-2　Printed in Japan

戸田盛和・中嶋貞雄 編
物理入門コース [新装版]
A5 判並製

理工系の学生が物理の基礎を学ぶための理想的なシリーズ．第一線の物理学者が本質を徹底的にかみくだいて説明．詳しい解答つきの例題・問題によって，理解が深まり，計算力が身につく．長年支持されてきた内容はそのまま，薄く，軽く，持ち歩きやすい造本に．

力　学	戸田盛和	258 頁	2640 円
解析力学	小出昭一郎	192 頁	2530 円
電磁気学 I　電場と磁場	長岡洋介	230 頁	2640 円
電磁気学 II　変動する電磁場	長岡洋介	148 頁	1980 円
量子力学 I　原子と量子	中嶋貞雄	228 頁	2970 円
量子力学 II　基本法則と応用	中嶋貞雄	240 頁	2970 円
熱・統計力学	戸田盛和	234 頁	2750 円
弾性体と流体	恒藤敏彦	264 頁	3410 円
相対性理論	中野董夫	234 頁	3190 円
物理のための数学	和達三樹	288 頁	2860 円

戸田盛和・中嶋貞雄 編
物理入門コース／演習 [新装版]
A5 判並製

例解　力学演習	戸田盛和／渡辺慎介	202 頁	3080 円
例解　電磁気学演習	長岡洋介／丹慶勝市	236 頁	3080 円
例解　量子力学演習	中嶋貞雄／吉岡大二郎	222 頁	3520 円
例解　熱・統計力学演習	戸田盛和／市村純	222 頁	3740 円
例解　物理数学演習	和達三樹	196 頁	3520 円

―――― 岩波書店刊 ――――
定価は消費税 10% 込です
2023 年 8 月現在

戸田盛和・広田良吾・和達三樹 編
理工系の数学入門コース
[新装版]
A5判並製

学生・教員から長年支持されてきた教科書シリーズの新装版．理工系のどの分野に進む人にとっても必要な数学の基礎をていねいに解説．詳しい解答のついた例題・問題に取り組むことで，計算力・応用力が身につく．

微分積分	和達三樹	270頁	2970円
線形代数	戸田盛和 浅野功義	192頁	2860円
ベクトル解析	戸田盛和	252頁	2860円
常微分方程式	矢嶋信男	244頁	2970円
複素関数	表 実	180頁	2750円
フーリエ解析	大石進一	234頁	2860円
確率・統計	薩摩順吉	236頁	2750円
数値計算	川上一郎	218頁	3080円

戸田盛和・和達三樹 編
理工系の数学入門コース／演習 [新装版]
A5判並製

微分積分演習	和達三樹 十河 清	292頁	3850円
線形代数演習	浅野功義 大関清太	180頁	3300円
ベクトル解析演習	戸田盛和 渡辺慎介	194頁	3080円
微分方程式演習	和達三樹 矢嶋 徹	238頁	3520円
複素関数演習	表 実 迫田誠治	210頁	3410円

岩波書店刊
定価は消費税10％込です
2023年8月現在

新装版 数学読本 (全6巻)

松坂和夫著　菊判並製

中学・高校の全範囲をあつかいながら，大学数学の入り口まで独習できるように構成．深く豊かな内容を一貫した流れで解説する．

1	自然数・整数・有理数や無理数・実数などの諸性質，式の計算，方程式の解き方などを解説.	226 頁	定価 2310 円
2	簡単な関数から始め，座標を用いた基本的図形を調べたあと，指数関数・対数関数・三角関数に入る.	238 頁	定価 2640 円
3	ベクトル，複素数を学んでから，空間図形の性質，2次式で表される図形へと進み，数列に入る.	236 頁	定価 2750 円
4	数列，級数の諸性質など中等数学の足がためをしたのち，順列と組合せ，確率の初歩，微分法へと進む.	280 頁	定価 2970 円
5	前巻にひきつづき微積分法の計算と理論の初歩を解説するが，学校の教科書には見られない豊富な内容をあつかう.	292 頁	定価 2970 円
6	行列と1次変換など，線形代数の初歩をあつかい，さらに数論の初歩，集合・論理などの現代数学の基礎概念へ.	228 頁	定価 2530 円

──────── 岩波書店刊 ────────

定価は消費税 10% 込です
2023 年 8 月現在